65道精选菜品，
千余张彩色图解

法餐制作大全（修订本）

U0364532

详尽的步骤图解，高手升级，新手零失败！

［日］川上文代　著

马金娥　译

中国民族摄影艺术出版社

图书在版编目（ＣＩＰ）数据

法餐制作大全 /（日）川上文代著；马金娥译著
. -- 修订本. -- 北京：中国民族摄影艺术出版社，
2015.9
ISBN 978-7-5122-0751-6

Ⅰ.①法… Ⅱ.①川… ②马… Ⅲ.①西式菜肴－菜
谱－法国 Ⅳ.①TS972.183.565

中国版本图书馆CIP数据核字(2015)第223870号

TITLE：［イチバン親切なフランス料理の教科書］
BY：［川上文代］
Copyright © Fumiyo Kawakami
Original Japanese language edition published by Shinsei Publishing Co.,Ltd.
All rights reserved. No part of this book may be reproduced in any form without the written permission
of the publisher.
Chinese translation rights arranged with Shinsei Publishing Co.,Ltd.
Tokyo through Nippon Shuppan Hanbai Inc.

本书由日本株式会社新星出版社授权北京书中缘图书有限公司出品并由中国民族摄影艺术出
版社在中国范围内独家出版本书中文简体字版本。
著作权合同登记号：01-2015-6294

策划制作：北京书锦缘咨询有限公司（www.booklink.com.cn）
总 策 划：陈 庆
策 划：邵嘉瑜
设计制作：王 青

书 名：法餐制作大全（修订本）
作 者：［日］川上文代
译 者：马金娥
责 编：张 宇 吴 叹
出 版：中国民族摄影艺术出版社
地 址：北京东城区和平里北街14号（100013）
发 行：010-64211754 84250639 64906396
网 址：http://www.chinamzsy.com
印 刷：北京美图印务有限公司
开 本：1/16 170mm×240mm
印 张：14
字 数：110千字
版 次：2016年7月第1版第2次印刷
ISBN 978-7-5122-0751-6
定 价：48.00元

前　言

　　大家对法式西餐都有些怎样的印象呢？觉得它奢华、精致、美味，亦或是复杂、刻板？在日本，一提到去吃法式西餐，人们就会想到价格昂贵的西餐厅。但事实上只要稍微学习一点制作法式西餐的技巧，您就可以自己在家中轻松地做出美味的法式西餐。此外，在咖啡馆或者小西餐馆里，人们也可以一边品着红酒一边尝到很多制作简单的法式西餐。

　　本书既有充满温情的"家庭菜肴"，又有适合餐厅的"豪华菜肴"，每个专栏都配有丰富翔实的图片。虽说法式西餐被认为是拥有多种多样烹调手法的世界上最顶级的菜式之一，但是只要稍微改变一下配菜或沙司，您也可以做出自己独创的法式西餐。

所以请自由发挥吧！

书中既列举了失败的例子，又详细讲述了烹调时的小窍门、注意事项、烹调所需的时间和烹调用具等相关事项。对于初次尝试者常常会有的各种疑问，这本书里都简单明了地做了解答。总之，请先尝试一下吧。

精美奢华的食物在餐桌上上演着一幕幕华丽的剧目。看到这样精致而华美的法式西餐，您肯定想把最美味的佳肴做给您心爱的人品尝吧？让我们一边了解法国文化一边度过这愉快的烹饪时光吧。希望通过此书让法式西餐走进您的生活。祝您有好胃口！

川上文代

目　录

第3章

主菜中的肉类菜肴

第4章

主菜中的鱼类菜肴

第5章

汤

本书使用说明

· 菜谱内已经将所需食材的分量标记出来。根据情况可以适当增减。

· 菜谱内标有烹饪所需的大概时间。根据材料、室温状况等具体情况的不同所需时间可能会有一些变化。

· 难易度用★来表示。★初级，★★中级，★★★高级。

· 文中用※来表示菜肴的重点。

· 本菜谱中的1杯=200ml、1勺（大）=15ml、1勺（小）=5ml

· 煮食材时使用的水和预备阶段处理食材所用的调味料不在标示分量之内。

· 食谱中的清炖肉汤（由固体汤料做成）可以用买来的汤料做，购买的时候注意看清汤料的成分。

· 使用烤箱时，提前10～15分钟将烤箱预热。

· 有时食谱图片中的食材要比实际看上去多一些，请以实际的标重为准。

第1章
法式西餐的基础知识

拥有多种面貌的法式西餐

无论在哪个时代都独树一帜的法国饮食文化。
大量使用法国特产、极具个性的法式西餐为何会在世界范围内受到如此的喜爱，秘诀究竟是什么呢？还是让我们先了解一下法国的魅力吧。

充满法国本土特色、多姿多彩的法式西餐

　　法国是一个临海国家，农业和奶酪畜牧业非常发达。法式西餐通过运用丰富多样的食材，充满了浓郁的地方特色，并形成了自己独特的魅力。

　　法国可以划为九个比较大的区域，每个区域的饮食都有地方特色。诺曼底和布列塔尼等大西洋沿岸地区的海产比较丰富，所以这些地方的食物多以海产品为主。而像普罗旺斯这样的南部地区，气候温暖宜人，很适合种植番茄和西葫芦等蔬菜，所以法国南部饮食多以当地盛产的农产品为主要食材。

　　临近国家的饮食文化对法国许多地方的饮食文化也有较大影响。比如阿尔萨斯–洛林大区的饮食文化主要受德国的影响，英国的饮食文化对布列塔尼大区的影响较大。此外，许多曾经是法国殖民地的国家的饮食文化至今仍然影响着法国不少地方。

布列塔尼大区（→P78）

在曾经贫瘠的土地上孕育的
美食——可丽饼

布列塔尼大区位于法国西部，面向大西洋，是可丽饼的发祥地。位于南海岸的盐田出产的盐叶非常有名。

勃艮第大区（→P58）

适宜葡萄栽培的
葡萄酒圣地

盛产葡萄，世界著名的葡萄酒生产基地。这里生产的葡萄酒经常用来制作红酒炖牛肉（P133）等菜肴。

法国西南部（→P74）

拥有丰富的食材、具有较强地方特色的地区

法国南部的广阔区域。位于西南部的旧巴斯克地区的著名特产有生火腿、腌鳕鱼和香肠等。

法国全国地图与餐饮分布

划分为九大区域的法国行政区图

诺曼底大区 (→P116)

拥有牧场和苹果林的广阔田园
地带

气候温暖多雨,盛产奶酪。淡奶油
和黄油是当地的食物中最常用的食
材。

香槟大区 (→P130)

独一无二的
著名香槟产地

众所周知的香槟原产地,当地菜肴
中也有许多用香槟烹饪的菜肴。饮
食方面受临近的比利时影响较大。

阿尔萨斯-洛林大区 (→P82)

受德国影响较大
的地区

位于法国东北部,历史上与德国有
较深的渊源。这里出产的猪肉、猪
肉制品以及鹅肝酱都非常有名。

拉芒什海峡

瑟堡 ●

● 鲁昂

北部–加莱海峡大区

皮卡弟大区

上诺曼底

诺曼底大区

下诺曼底

香槟大区

法兰西岛大区

巴黎
法兰西岛

香槟–阿登

阿尔萨斯-洛林大区

南锡 ● ● 斯特拉斯堡
阿尔萨斯

洛林

布雷斯特 ●

布列塔尼

布列塔尼大区

● 奥尔良

卢瓦尔河谷大区

中央大区

● 南特

勃艮第

第戎 ●

弗朗什–孔泰大区

奥弗涅–利穆赞大区

勃艮第大区

大西洋

普瓦图–夏朗德大区

利穆赞

● 利摩日

奥佛涅

里昂 ●

罗讷–阿尔卑斯大区

普罗旺斯大区 (→P200)

受到太阳和大海恩惠
的土地

面向地中海,气候温暖、自然资源
丰富的地区。用新鲜的鱼类和番茄
煮做成的普罗旺斯鱼汤非常有名。

● 波尔多

阿基坦大区

法国西南部

比利牛斯大区

● 巴约讷

● 图卢兹

郎格多克–鲁西永大区

普罗旺斯大区

普罗旺斯–阿尔卑斯

蓝色海岸大区

尼斯 ●

● 马赛

地中海

3

烹饪过程中使用的基本用具

制作法式西餐时需要细致精准的烹饪技术。因此，我们需要准备各种各样的烹饪用具。让我们先了解一下每种烹饪用具的作用，然后准确运用吧。

大型用具

各种锅是烹饪时的主要用具。铜锅、铁锅、铝锅等等，用具不同用法也会有所不同。

1
砂锅
炖煮时经常使用，是带有两个把手的锅。锅盖很严实，可以防止蒸汽大量冒出。

2
烤制用平底锅
带有条纹的平底锅，也叫烤锅。多余的油脂和水分会留在锅中，烤制后食材会印有格子条纹。

3
炖锅
有一个很长的手柄。炖锅有很多不同的尺寸，一般直径为20cm左右的用起来比较方便。

4
平底不粘锅
用具有特氟龙涂层的平底锅做菜时不容易烧焦，只用少量的黄油或其他植物油就可以。可以用来炒菜、炸东西等，用途广泛。

5
蒸锅
放入锅中的水加热后产生水蒸气，用蒸汽蒸熟食物。为了防止水滴滴到物品上最好在蒸锅的锅盖内侧蒙上干净的纱布。

6
锥形锅
比炖锅浅，口径比炖锅宽，煎东西非常方便的单柄锅。买的时候最好选择直径为20cm左右的。

便利用具

在烹饪时使用这些便利用具可以节省烹饪时间，并且更能体现出法式西餐的精致。如果能够熟练使用，可以快速提高您烹饪的效率和技艺。

1
搅拌机
可以用来粉碎食材，同时也适用于搅拌调味汁和沙司等液体。

2
滤网筛
过滤食材，经常用于过滤液体或粉状物。过滤网有尼龙的，也有金属的。

3
压力锅
可以节省1/3的烹饪时间。压力锅的沸点要高于普通锅，短时间内就可以完成烹饪。

4
蔬菜研磨器
也叫蔬菜过滤器或蔬菜搅拌器。转动上方的手柄研磨蔬菜。在滤除番茄子时非常方便。

5
食物处理器
用于搅拌材料等比较细致的烹饪步骤。烹饪法式西餐时经常用来制作肉酱和慕斯。

6
打肉器
打肉器可以把肉处理到适当的厚度，想要把肉拍松时也可以使用它。

7
去鳞器
去鳞器可以帮助您轻松地去除鱼鳞。

小型用具

用于切割、搅拌和捞取等基本烹饪动作的小型用具。
是厨房的得力帮手。

A
厨房用剪刀

也叫万能剪刀，烹饪时的得力助手。可以轻松处理鱼鳍或甲壳类食材。

B
去骨刀

除去鱼头时使用。去骨刀的刀刃很厚，在处理肉筋等较硬食材时也非常好用。

C
牛刀

也叫切肉刀。除切肉外还可以用来切鱼和蔬菜等几乎所有食材，用途广泛。

D
小型菜刀

处理小型食材，或需要对食物进行雕饰等细致处理时使用。

E
锯齿刀

刀刃呈锯齿状。适于切面包、番茄和蛋糕等比较容易切碎的食物。

A
食物夹
用于盛取比较热的食物。往面条或其他食物中拌入沙司时也可以使用。

B
打蛋器（打泡器）
给鸡蛋或淡奶油打泡时使用。比较小的打蛋器可以用来搅拌沙司。

C
长柄舀勺
长柄舀勺有圆形和尖口的，用于盛取或灌注汤汁的烹饪用具。一般尖口的舀勺用于灌注，不适合盛取。

D
漏铲
要把体积比较大的鱼、肉之类的食品一下子翻过来时就需要漏铲了。如果要翻的食物特别大，可以再加一个其他锅铲或漏铲并用。

E
橡胶锅铲
用橡胶制成的锅铲。整理或搅拌食材时使用。经过耐热加工的橡胶锅铲也可以用来炒菜。

F
木锅铲
炒菜或搅拌时使用。锅铲的表面越光滑越好。

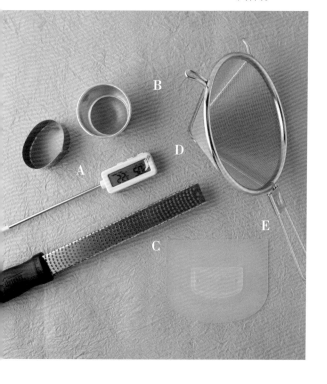

A
食物专用模型
有圆形、椭圆形和铜钱形状，给食物固定形状时使用。直径6cm左右的圆形模型比较常用。

B
布丁杯
在给慕斯或布丁固定形状时使用。在使用时可以在杯的内侧涂上一层黄油，这样取出里面的食物时就不会粘住。

C
刨丝器（擦丝器）
可以削去奶酪和柠檬之类的表皮。如果食材表面凹凸不平，也可以用刨丝器处理。除了图中的类型外，还有盒子形状的刨丝器。

D
厨房用温度计
用来测量液体或食材温度的厨房用温度计。有的温度计还设有通知功能，在达到设定温度时自动响铃。

E
切板
直线部分可切食物，曲线的部分可以用来归纳整理食材，用途广泛。也可以在挪动食材的时候使用。

F
法式漏勺
圆锥形的过滤器。除了可以过滤沙司、汤汁外，还可以用来分离汤和辅料。

烹饪过程中所需的基本调味料

法式西餐中经常使用的油、盐等调味料在我们的日常生活中也是必需的。
制作法式西餐并没有我们想象中那么难。总之，先备齐这些调味料吧。

首先要准备的调味料

法国人经常使用的植物油主要有橄榄油、葡萄籽油和开心果油。此外还有从猪肉和猪的肝脏周围提取的白色固态的猪油，主要在烹制肉类时使用。

油

油是不溶于水的脂肪类物质，如果长时间与空气接触，油会氧化变色，品质也会下降，所以一定要放入密闭容器中保存。

A   B   C   D   E   F

A
开心果油

用开心果榨取的植物油，偏绿色。品质好的开心果油闻起来很香，非常适合烹饪甲壳类和海鲜类食物。

B
特纯橄榄油

橄榄油中品质最高的一种。本书中标记为"EXV橄榄油"。可以直接加入调味汁或拌入做好的菜肴中进行调味。

C
纯橄榄油

本书中所说的橄榄油一般就是指纯橄榄油。纯橄榄油由特纯橄榄油和精制橄榄油混合制成，用于烹炒。

D
花生油

花生油耐高温，在油炸、烤制时都可以使用。法国产的花生油没有杂质，适用于任何食材。

E
葡萄籽油

由晒干的葡萄籽压榨而成，一般在酿制白葡萄酒的过程中提取。葡萄籽油属于比较珍贵的植物油，呈通透的黄色。它的味道很清淡，适合用来卤汁。

F
色拉油

色拉油并不是法国特有的。由玉米油和菜籽油等精制而成。

菜肴中使用的三种酒

用于炖煮菜肴、制作沙司的葡萄酒属于酿造酒。酿造酒一般由果实、谷物等发酵制成，度数较低。以含有酒精成分的原料蒸馏而成的酒就是蒸馏酒，蒸馏酒的度数较高，一般用于除去食物中的异味。在蒸馏酒中加入香辛料制成的配制酒经常用于制作蛋糕、甜点。

A
卡巴度斯苹果酒
法国诺曼底北部的特产酒，是白兰地的一种。卡巴度斯苹果酒有两种类型，一种是只以苹果为原料，另一种是以苹果和西洋梨为原料。

B
味美思酒
以葡萄酒为基酒，用芳香植物的浸液调制而成的加香葡萄酒。有香甜和香辣两种口味，法国以生产干味美思酒为主。

C
苹果酒
布列塔尼和诺曼底是苹果酒的主要产区。由苹果发酵制成，酒精含量低，可经常饮用。

D
白葡萄酒
用白葡萄榨汁后去皮发酵酿制，味道甘甜醇美，色淡黄或金黄，澄清透明。一般用于制作鱼高汤（P184）等鱼贝类菜品。

E
马德拉酒
葡萄牙马德拉岛产的一种葡萄酒。有一股浓烈的香味，口感浓郁香甜。制作沙司或烹饪肉类时经常使用。

F
波特酒
葡萄牙波特产的葡萄酒，口味香甜。它的酿造手法独特，在红葡萄酒的发酵过程中加入白兰地酿成。

G
荨麻利乔酒
白兰地中加入香草、药草材料后蒸馏而成。可用于烘培糕点，使食物带有鸡尾酒风味。

H
苦橙酒
把橙皮和利口酒加入密闭容器中酿成。苦橙酒适合在高温烹饪时使用，食物中会留有淡淡的酒香。

I
红葡萄酒
酿造酒。以紫葡萄和红葡萄为原料酿造而成。具有独特的涩味，颜色有浅红和红褐等多种。

欧洲醋主要以酒醋为主

日本等亚洲国家食用的醋主要是谷物醋，而欧洲的食用醋一般是指用葡萄酿制的酒醋。法式西餐中经常使用的意大利产黑葡萄醋以至少12年为熟制时间，黑葡萄醋的意大利语说法是Aceto Balsamico。30ml较高品质的黑葡萄醋就要1万日元（约合人民币800元）以上。

醋

给食物增加酸味的调料。如果以葡萄酒等酒类为原材料，就需要在酿制过程中去除酒精。在制作调味汁和沙司时经常使用，用途广泛。醋还可以提升食物的口感。

A

B

C

D

E

F

A
白葡萄酒醋
以白葡萄为原料发酵而成。白葡萄酒醋味道清淡，颜色清透，可以用于多种食物。在制作蛋黄酱这类基本沙司时经常使用。

B
红葡萄酒醋
比白葡萄酒醋味道更浓，呈深红色。在炖煮菜肴中加入红葡萄酒醋可以使味道更浓郁。也可以加入像无花果沙司这样颜色深、味道浓的沙司中，使沙司带有浓浓的酸味。

C
覆盆子醋
覆盆子腌制后，发酵而成，味道酸甜。可以和红葡萄酒醋混合使用。卤制食物时，食物会染上一层淡淡的红色。

D
雪利醋
由雪利酒酿制而成。发酵时间要比红葡萄酒醋长，口感顺滑。在制作肝脏食物或调味汁时使用，味道独特。

E
苹果酒醋
以产于布列塔尼和诺曼底的苹果做成的苹果酒为原料酿成。苹果酒属于起泡酒，所以味道清爽，酸味较淡。

F
黑葡萄醋
意大利特产。原料为白葡萄的浓缩汁，呈茶黑色。黑葡萄醋口感润滑，略带甜味。

号称"百味之王"的盐

盐不仅能增加菜肴的滋味，还可以让蔬菜的颜色鲜嫩，撒在食物上可以短期保鲜，用来腌制食物还能防止食物变质。

法国人主要使用精盐和粗盐这两种盐。精盐用来腌制或调节滋味，粗盐一般在炖煮或制作汤汁时使用。

盐

法式西餐最基本的调味料之一。盐主要分为岩盐和海盐，法国紧邻大西洋和地中海的地理环境决定了法国的食盐以海盐为主。

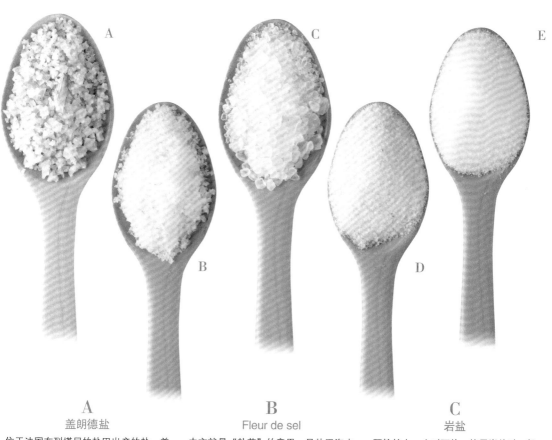

A
盖朗德盐

位于法国布列塔尼的盐田出产的盐。盖朗德盐的制作手法非常传统，除了海水，在整个制作过程中完全不添加任何东西。从盐田上采收后不经过精制，也不用清洗，完全保留它原本的样子，颗粒较大。

B
Fleur de sel

中文就是"盐花"的意思，是盐田海水表面形成的白色半透明的结晶。盐花比其他盐的味道更丰富细腻，吃起来特别爽口。

C
岩盐

颗粒较大，也叫石盐。使用岩盐时一般要在做菜开始时就放入，用来腌制食物非常适合。市面上还可以买到黑色和粉色的岩盐。

D
喜马拉雅盐

从海拔3000米的喜马拉雅山脉采收的岩盐。呈橙色，富含碘、钾、钙等矿物元素。

E
精盐

中国家庭一般用盐。把原盐溶解，制成饱和溶液，经除杂处理后再蒸发，这样制得的食盐即为精盐。

11

法式西餐的基础汤汁

您是否听说过法式清汤和小牛汁？
下面就向您介绍法式西餐的基础汤汁。

法式西餐的核心——清汤和高汤

清汤和高汤是指法式西餐中不可缺少的基础汤汁。所谓清汤就是指用肉、蔬菜等熬制出的基础汤汁。清汤既有用牛肉、鸡肉等众多材料熬制而成的肉汤，也有只用蔬菜熬制而成的葡萄酒奶油汤。而高汤主要是用来做调味汁等的汤基。高汤一般可以分为两类：一类是像小牛汁那样先把肉和骨头等煎炒后再炖

煮，最后熬制成深色的高汤；另一类是像鱼高汤那样直接把材料放进水里炖煮或把材料稍微过火后再进行熬制的白色的高汤。

烹饪时根据食材的不同，要选择不同的汤汁做辅料。例如在做红酒煮牛肉时要用小牛汁，煮金枪鱼时要配有鱼高汤。

制作美味汤汁的5条原则

想要做出美味的食物就一定要认真准备汤汁，不管制作哪种汤汁都要遵守以下5个原则。接下来就让我们准备制作汤汁吧。

1 使用新鲜的食材

把要用到的汤汁一次做好后保存起来，使用时会比较方便。这时就需要考虑到汤汁的保存期限，所以使用的鱼及肉等原材料要尽可能新鲜。

2 注意火候

煮的时候要有耐心，一点一点煮出食物的精华，让汤保持刚好沸腾的状态。

3 清理浮沫

在熬制肉类时汤的表面会有一层浮沫，如果不清理这些浮沫，汤汁就会很混浊并带有腥味。

4 不要盖锅盖

如果盖上锅盖浮沫就会混到汤里不易捞出。炖肉时用比较深的锅，煮鱼时最好选择宽口锅。

5 冷却

煮好的汤汁要尽快冷却，并放入密闭容器中，完全冷却后再放入冰箱或冷冻箱中保存。

主要汤汁分类表

法式西餐中的汤汁分类。
不同的食物使用不同的汤汁，以下仅供参考。

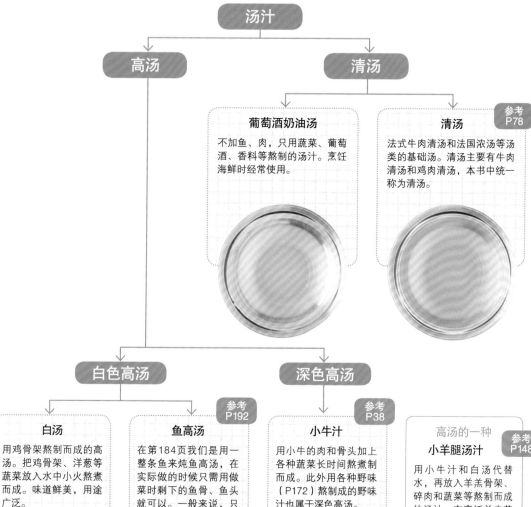

汤汁

高汤

清汤

葡萄酒奶油汤

不加鱼、肉，只用蔬菜、葡萄酒、香料等熬制的汤汁。烹饪海鲜时经常使用。

清汤 参考 P78

法式牛肉清汤和法国浓汤等汤类的基础汤。清汤主要有牛肉清汤和鸡肉清汤，本书中统一称为清汤。

白色高汤

深色高汤

白汤 参考 P192

用鸡骨架熬制而成的高汤。把鸡骨架、洋葱等蔬菜放入水中小火熬煮而成。味道鲜美，用途广泛。

鱼高汤

在第184页我们是用一整条鱼来炖鱼高汤，在实际做的时候只需用做菜时剩下的鱼骨、鱼头就可以。一般来说，只要是白身鱼就可以做鱼高汤，其中最常用的是比目鱼。鱼高汤一般用于烹饪海鲜类菜肴。

小牛汁 参考 P38

用小牛的肉和骨头加上各种蔬菜长时间熬煮制而成。此外用各种野味（P172）熬制成的野味汁也属于深色高汤。

高汤的一种

小羊腿汤汁 参考 P148

用小牛汁和白汤代替水，再放入羊羔骨架、碎肉和蔬菜等熬制而成的汤汁。在烹饪羊肉菜肴时多余的骨架和碎肉就可以用来熬制汤汁。

法式西餐的基本沙司烹饪法

法式西餐中最不可缺少的就是沙司。
可以说沙司是决定一道菜的味道的关键所在。

冷沙司

是制作沙拉酱不可缺少的材料。
以醋和各种油为原料制作而成。

醋油沙司
味道清爽的简单沙司

材料
芥末…………… 1勺（大）
白葡萄酒醋……… 40ml
盐、胡椒……… 各适量
色拉油………… 120ml

蛋黄酱沙司
放色拉油的时候要慢慢倒

材料
蛋黄……………… 1个
芥末…………… 1勺（大）
白葡萄酒醋… 2勺（小）
盐、胡椒……… 各适量
色拉油………… 100ml

制作方法

1

在碗里加入芥末、白葡萄酒醋、盐、少量胡椒后，用打蛋器搅拌。

1

在碗中放入蛋黄（如果鸡蛋保存在冰箱里，要先拿出等它恢复到常温）、芥末、盐、少量胡椒和1/3白葡萄酒醋后搅拌。

2

一点一点加入色拉油的同时搅拌均匀，使之慢慢乳化。

2

一点一点加入色拉油的同时搅拌均匀，使之慢慢乳化。

3

搅拌均匀后，尝一下味道，再用盐和胡椒调味。

3

搅拌到用打蛋器几乎可以捞起时，加入剩下的白葡萄酒醋和适量的盐和胡椒进行调味。

用鸡蛋、黄油和番茄制作的热沙司

用黄油和鸡蛋制作的传统沙司和番茄沙司

番茄沙司

也可以叫做意大利面沙司

材料

水煮番茄（整个）············	800g
洋葱····················	1/4个（50g）
A ┌大蒜 ················	1/2瓣
└橄榄油 ··············	2勺（大）
盐、胡椒················	各适量

制作方法

1 煮熟后将番茄的籽清理掉。把洋葱和蒜切丁。

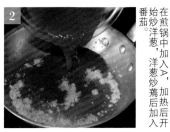

2 在煎锅中加入A，加热后加入番茄开始炒洋葱，洋葱炒蔫后加入

3 加入盐，少量胡椒后，稍微搅拌一下，煮到剩下2/3的量为止。

贝亚恩沙司

洋溢着淡淡香草风味的沙司

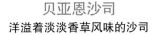

材料

A ┌红葱头（切丁）·········	30g
│龙蒿醋 ··············	1勺（小）
└水 ·················	1杯
蛋黄········ 2个 黄油······	100g
香草切丁（香芹、莳萝等）···	1勺（大）
盐、胡椒················	各适量

制作方法

1 在锅中加入A，30ml后倒入碗中。用小火煮到

2 加入蛋黄后浸入80~90℃的水中并用打蛋器搅拌。制作澄清黄油（P180）。

3 用漏网筛过滤后加入澄清黄油、香草、盐和胡椒调味。

荷兰沙司

加入澄清黄油的荷兰风味沙司

材料

黄油····················	140g
A ┌蛋黄 ················	2个
└水 ·················	3勺（大）
B ┌柠檬汁 ··············	适量
│盐 ·················	适量
└胡椒 ················	少许

制作方法

1 制作澄清黄油（参考P180）。在另一个碗里加入A并搅拌。

2 将A浸入80~90℃的水中，搅拌至黏糊状。

3 将水盆中的水温调至50℃，慢慢倒入40℃的澄清黄油并搅拌。最后加入B调味。

加入奶酪面糊的沙司

用黄油炒面粉做成的奶酪面糊用于增加沙司的浓度。
奶酪面糊的制作方法请参照第94页。

法式白汁沙司
非常顺滑爽口的法式沙司

材料

清汤	400ml（P70）
盐、胡椒	各适量

制作奶酪面糊的材料

低筋面粉（过筛）	10g
黄油	10g

制作方法

1 先制作白色奶酪面糊（P86）。在另一个锅里把清汤熬到只剩一半。一边将做好的奶酪面糊慢慢倒入清汤一边用打蛋器搅拌。

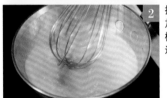

2 搅拌到一定的浓度后加入一撮盐和少量胡椒调味，最后用网筛过滤。

奶油沙司
也称白沙司

材料

牛奶	200ml
肉豆蔻	少许
盐、胡椒	各适量

制作奶酪面糊的材料

低筋面粉（过筛）	20g
黄油	20g

制作方法

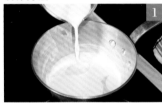

1 先制作白色奶酪面糊（P86）。制作完成后关火，将冷牛奶全部倒进去，用橡胶锅铲将粘在锅侧面的面糊刮下来再次加热，并用打蛋器仔细搅拌。

2 搅拌好后关火。再次用橡胶锅铲去除锅壁的面糊后再开始加热。等面糊完全溶好后加入肉豆蔻、盐和少量胡椒调味。

褐色肉汁沙司
在日本也很常见的沙司

材料

培根（2cm长）	80g
牛腿肉（3cm长）	300g
香味蔬菜（洋葱、胡萝卜、西芹各2cm长）	150g
大蒜	1瓣
红酒	100ml
熟透的番茄或水煮番茄	150g
清汤	2L
百里香	2枝
月桂叶	1片
色拉油	1勺（小）
黄油	5g
盐	1/4勺（小）
胡椒	少许

褐色奶酪面糊的制作材料

低筋面粉（过筛）	12g
黄油	12g

制作方法

1 烧热色拉油和黄油后将培根、牛腿肉、香味蔬菜倒入锅中翻炒。

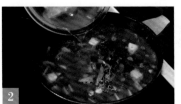

2 再将大蒜、番茄、清汤、百里香和月桂叶放入锅中。加热2个小时，期间注意加水（若使用压力锅约30分钟）。

3 制作褐色奶酪面糊（P86），做好后加入2中，并用打蛋器搅拌。最后加入盐和胡椒调味并用网筛过滤。

几种主要热沙司

在制作肉类、鱼类和海鲜类食物时就要用到以下几种沙司了。

A
红葡萄酒沙司

由红葡萄酒、红葱头和小牛汁熬制的沙司，烤肉时经常使用。为了颜色好看可以选择颜色比较深的红葡萄酒。

B
奶油酱沙司

由优质黄油制作而成，也叫白色黄油沙司。一般会在奶油酱沙司中加入香草和蔬菜，几乎可以用它做所有海鲜类菜肴的沙司。

C
波特酒沙司

以葡萄牙产的波特酒为主要原料，由波特酒、红葱头和小牛汁熬制而成。波特酒的香味可以使肉类和鱼类食物的口感更丰富。

D
美式沙司

主要用于烹饪海鲜类菜肴。由翻炒过的龙虾、小螃蟹壳和番茄等熬制而成，呈红色。

E
马德拉酒沙司

由马德拉酒、红葱头和小牛汁熬制而成。非常适合做牛里脊和嫩牛肉等肉类菜品，和松露、鹅肝酱这样的高级食材搭配也非常合适。

F
白葡萄酒沙司

用鱼高汤、白葡萄酒和淡奶油等熬制而成，味道爽口。制作海鲜类菜品时经常使用。

简单方便的配菜做法

下面为大家介绍的是含有绿色、黄色、橙色等各种颜色的15种配菜。

法式焖菜

材料（2人份）

番茄········1个（120g）	大蒜·············1/4瓣
西班牙红椒1/4个（40g）	番茄酱······1/2勺（大）
西班牙黄椒1/4个（40g）	清汤···2勺（大、P70）
西葫芦···1/4个（40g）	橄榄油········2勺（大）
洋葱······1/4个（50g）	盐、胡椒·······各适量
茄子······1/4个（20g）	

制作方法

❶番茄去皮（先用热水烫一下再去皮）后切成1.5cm大小的小块。把辣椒、西葫芦、洋葱、茄子也都切成1.5cm长。切好后把茄子泡在水里，撇掉水上的杂质。

❷锅中放入一大勺橄榄油和拍碎的大蒜，大蒜炒香后将辣椒和洋葱倒进锅里翻炒，炒好后盛出。

❸再向锅中加入一大勺橄榄油，待油热后放入西葫芦和茄子烹炒。茄子变色后将❷加入锅中。

❹向锅中加入番茄酱、清汤、盐和少许胡椒后盖上锅盖，用小火煮到蔬菜变软即可。在盘子中央放上专用模型，将菜盛到里面，稍等一段时间后把模型器从上面拔出。

荷兰沙司芦笋

材料（2人份）

芦笋··············6根	水··········1勺（大）
黄油··············100g	柠檬榨汁········少许
蛋黄··············1个	盐、胡椒········各适量
白葡萄酒······2勺（小）	

制作方法

❶芦笋去皮后，放入水中煮一下，水中加入适量的盐。制作澄清黄油（P180）。

❷向碗里加入蛋黄、白葡萄酒和水后，将碗浸入80～90℃的水中并用打蛋器搅拌。

❸让蛋黄完全受热，碗中的液体变黏稠后将碗取出冷却。

❹一边将40℃的澄清黄油慢慢倒入碗中一边搅拌。将柠檬汁、盐和少许胡椒放入碗中调味。芦笋切段后放入盘中，将制作好的沙司浇在上面即可。

糖包胡萝卜

材料（2人份）

胡萝卜	1/2根（75g）
白糖	1勺（大）
水、盐、胡椒	适量
黄油	1勺（大）

制作方法

❶ 削掉胡萝卜皮后切成八块，再适当地修饰一下。

❷ 把黄油、胡萝卜、白糖、盐和少许胡椒放入锅中，再倒入刚好盖过这些材料的水后加热。

❸ 稍微煮一下后将胡萝卜取出，继续加热熬制汤汁。为了让胡萝卜看上去更有光泽，最后阶段再把胡萝卜放进锅里煮，直到汤汁收干。装盘时可以用欧芹装饰。

焖酥土豆

材料（4人份）

土豆	250g
牛奶	约50ml
淡奶油	20ml
肉豆蔻	少许
蛋黄	一个
黄油	15g
盐、胡椒	各适量

制作方法

❶ 土豆煮好后捣碎。

❷ 把捣碎的土豆、牛奶、淡奶油、肉豆蔻、黄油、盐和少许胡椒放入锅中并加热。

❸ 煮好后将火关掉，倒入蛋黄并搅拌，最后放置冷却。

❹ 将❸装入裱花袋中，挤在铺有蛋糕纸的烤箱板上。把土豆放入250℃的烤箱中烤，烤到稍微有些焦煳即可。

红酒无花果

材料（4人份）

半干无花果	4个
红葡萄酒	100ml
蜂蜜	1勺（大）
肉桂枝	1/2根
香草荚	1/2棵

制作方法

❶ 把无花果、红葡萄酒、蜂蜜、肉桂枝和香草荚放入锅中炖煮。

❷ 无花果变软，水分快煮干时将肉桂枝和香草荚捞出。装盘时可以点缀几片薄荷叶。

炸南瓜

材料（4人份）

南瓜…………200g	面粉…………适量
淡奶油……1勺（大）	搅拌好的鸡蛋…适量
蜂蜜………1勺（小）	面包粉…………适量
肉豆蔻…………少许	盐…………适量
肉桂粉…………少许	

制作方法

❶南瓜去皮后裹上保鲜膜，装进耐热容器中，接着放入微波炉中加热。

❷在碗里放入捣碎的❶、淡奶油、蜂蜜、肉豆蔻、肉桂和盐后加热并搅拌。

❸把❷做成梨的形状后再依次裹上面粉、鸡蛋和面包粉，放入180℃的油中炸熟。装盘时可以用芝麻草或意大利香芹等香草装饰。

勃艮第蜗牛

材料（2人份）

食用蜗牛……… 8只	
蘑菇、杏鲍菇………	
…………… 各40g	
土豆………… 1/2个	
核桃………… 3个	
蜗牛黄油……………	
…… 40g（P156）	
盐、胡椒……各适量	

制作方法

❶把蜗牛倒入水盆中仔细清洗，去除污垢。

❷把蜗牛放入锅中并加入刚好盖过蜗牛的水。煮沸去腥后捞出，沥出多余水分后拌入适量的盐和胡椒。

❸蘑菇清洗干净后切成大块。

❹削去土豆皮并切成2cm大小的块。

❺把蜗牛黄油、蘑菇、蜗牛、土豆、核桃、少量的盐和胡椒放到耐热容器中，最后放入240℃的烤箱里烤制8分钟即可。

奶焗花椰菜

材料（1人份）

花椰菜……… 100g	
淡色奶酪面糊………	
………… 10g（P86）	
牛奶………… 120ml	
蛋黄………… 1/2个	
格鲁耶尔奶酪… 10g	
肉豆蔻………少许	
盐、胡椒……各适量	

制作方法

❶把花椰菜掰成小块后用盐水（加入1%的盐）焯一下。

❷把焯过的花椰菜盛入大盘中并拌入少量的盐和胡椒。

❸向锅中倒入牛奶后加热煮沸，煮沸后一面慢慢倒入淡色奶酪面糊一边用打蛋器搅拌均匀，将火关掉。再加入格鲁耶尔奶酪、蛋黄、肉豆蔻、少量的盐和胡椒调味。

❹在❷的上面浇上❸，放入250℃的烤箱中烤制成金黄色即可。

蒸粗麦粉

材料（2人份）

粗麦粉	50g	番茄	1/4个（50g）
洋葱	20g	薄荷	1/2勺（小）
西班牙红椒	10g	柠檬榨汁	1/2个量
芹菜	10g	EXV橄榄油	25ml
西葫芦	10g	盐、胡椒	各适量
黑橄榄	2个		

制作方法

❶把洋葱、西班牙红椒、芹菜、西葫芦、橄榄和去皮后的番茄切成3mm大小的丁，柠檬切碎。

❷把粗麦粉放入碗中，倒入60ml的开水并搅拌均匀，盖上锅盖。

❸蒸5分钟后打开锅盖，倒入橄榄油并彻底拌匀。

❹粗麦粉冷却后加入所有的材料搅拌，最后用盐和胡椒调味。装盘时可以用薄荷叶装饰。

茄子千层塔

材料（3人份）

茄子	1根（100g）
杏鲍菇	50g
红葱头	5g
淡奶油	20ml
黄油	5g
盐、胡椒	各适量
格鲁耶尔奶酪	5g

制作方法

❶红葱头、杏鲍菇切丁。茄子切成圆片后浸入水中去除杂质。

❷锅中放入黄油并加热，将红葱头倒入锅中烹炒。

❸炒香后加入杏鲍菇翻炒，之后再加入盐、少量胡椒和淡奶油。

❹在干净的锅中加入橄榄油后加热，开始煎茄子（两面）。

❺把煎好的茄子装入大盘子中并叠放，在最上面涂上格鲁耶尔奶酪，最后放入230℃的烤箱中烤制5分钟即可。可以放上墨角兰进行点缀。

培根蚕豆

材料（2人份）

蚕豆	300g
培根	20g
清汤	80ml（参照P70）
黄油	1勺（小）
盐、胡椒	各适量

制作方法

❶蚕豆去皮，培根切条。

❷锅中加入黄油并加热，放入培根烹炒。

❸再将蚕豆倒入锅中翻炒，稍后加入清汤、盐和少许胡椒，煮到蚕豆变软即可。

蘑菇土豆

材料（2人份）

土豆… 1/2个（75g）
口蘑… 1/4袋（25g）
蘑菇………… 2个
色拉油………1勺（大）
大蒜………（1/2瓣）
橄榄油………适量
黄油…………5g
盐、胡椒……各适量
意大利香芹…………
……………1勺（小）

制作方法

1. 土豆、口蘑、蘑菇切成1cm左右的块状。把土豆块浸入水中。
2. 煎锅中倒入色拉油并加热，把晾干后的土豆倒入锅中炒熟。把炒熟后的土豆倒入漏勺中将油漏掉。
3. 加入大蒜、橄榄油、黄油后加热，把口蘑和蘑菇炒成金黄色即可。
4. 将做好的土豆和蘑菇放在一起，用盐和胡椒调味，最后撒上剁碎的意大利香芹。

法式泡菜

材料（2人份）

大蒜………… 1/2头
小洋葱………… 2个
西班牙红椒… 1/2个
杏鲍菇………… 1个
玉笋………… 2根

制作泡菜汁的材料

醋………… 120ml
水…………80ml
盐…………1勺（大）
白糖…………4勺（大）
黑胡椒…………10粒
月桂叶………… 2片
丁香………… 2根
香菜籽…………20粒

制作方法

1. 把胡萝卜切成4cm长的条状并适当雕饰。小洋葱去皮并在尾部雕刻十字花样。西班牙红椒、杏鲍菇切条。
2. 把制作泡菜汁的材料全部倒入锅中并煮沸。然后将❶和玉笋倒入锅中，用小火炖熟。
3. 关火后带汤放置冷却2个小时。

蒸菊苣

材料（2人份）

菊苣………… 2棵
清汤… 200ml（P70）
柠檬榨汁……… 少许
黄油………2勺（小）
盐、胡椒……各适量

制作方法

1. 去掉菊苣变色的部分，纵劈成两半。
2. 向锅里抹上一小勺黄油后加入菊苣和清汤，再将柠檬汁、盐和少许胡椒加入锅中后盖上锅盖，小火炖煮。
3. 菊苣变软后捞出并沥干水分。烧热的煎锅中放入一小勺黄油，将菊苣炒至金黄即可。装盘时可以用莳萝装饰。

玉米薄饼

材料（2人份）

玉米（整个）……150g
鸡蛋…………一个
面粉………1勺（大）
玉米粉… 1/2勺（大）
黄油………1勺（大）
盐、胡椒……各适量

制作方法

1. 将一半的玉米粒切碎。
2. 将切碎的玉米粒和剩下的玉米粒、鸡蛋、面粉、玉米粉、少量的盐和胡椒放入碗中搅拌。
3. 锅中倒入黄油并加热，把❷摊成圆形烙熟。装盘时可以点缀几片薄荷叶。

第2章
前菜

History of the French cooking

法式西餐的历史（~18世纪）

从豪华奢侈的宫廷菜肴中孕育而生的法式西餐

国王豪爽地直接用手抓饭吃！？

历史上著名的卡特琳娜·德·梅迪西斯（Catherine de Médicis）王后嫁到法国是在1533年，同时她把餐叉带入了法国。在将近一百年后的十七世纪中叶，法国的许多贵族几乎都用餐叉用餐。但是据说当时路易十四仍然直接用手抓饭吃。更令人咋舌的是，他是一个特别能吃的人，即使手脏了也照样抓起食物就吃，一天至少要吃五顿。

沙司的诞生

18世纪时，现在法式西餐不可缺少的沙司出现了。当时法国国王拥有了绝对的权力，极尽奢华之能事，菜肴也就成为国王显示其权力的工具。越是奢华就越让贵族们感觉到与国王的差距。因此，厨师们都致力于做出更美味、更奢华的美味。于是像蛋黄酱、奶油沙司这些调味品就应运而生了。

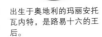

重要事件

● 文艺复兴
（16世纪前半期）
● 卡特琳娜·德·梅迪西斯
（Catherine de Médicis）与
亨利二世结婚
（1533年）
● 亨利二世即位
（1547年）
● 胡格诺战争
（1562年）

● 巴黎出现餐厅
（1765年）
● 路易十六与玛丽安托瓦内
特结婚
（1770年）
● 法国革命
（1789年）
● 玛丽安托瓦内特被送上断
头台
（1793年）

新的饮食文化传入法国

卡特琳娜·德·梅迪西斯（Catherine de Médicis）出生于意大利，是亨利二世的王后。

卡特琳娜与意大利饮食

从意大利嫁到法国的卡特琳娜把果子露、冰激凌等意大利的甜品和意大利式饮食也带到了法国。此外，她还把使用刀叉吃饭的意大利饮食文化传入法国。

牛角包

16世纪，玛丽安托瓦内特嫁给了路易十六，据说是她将牛角包从奥地利带到了法国。

出生于奥地利的玛丽安托瓦内特，是路易十六的王后。

Terrine de coguillages et légumes

法式扇贝蔬菜冻

让人食欲大增的一道菜

法式扇贝蔬菜冻

材料（一个700ml容器的用量）

扇贝的贝柱·············4个（120g）
蛤蜊·············8只（300g）
秋葵·············4个（28g）
玉笋·············4个（28g）
西班牙红椒·············1/2个（75g）
卷心菜·············两片
　（选择里面较嫩部分）（80g）
南瓜·············80g
兵豆·············30g
清炖肉汤（用块状汤料做）···600ml
百里香·············2枝
月桂叶·············1片
吉利丁片·············12g
盐、胡椒·············各适量

酸奶沙司的材料

原味酸奶·············2勺（大）
蛋黄酱（参照P14）·············1勺（大）
粒状芥末·············1勺（小）
盐、胡椒·············各适量

制作九层塔沙司的材料

九层塔叶·············6片
清炖肉汤冻（液体）（从之前做好的
清炖肉汤中取出）·············40ml
EXV橄榄油·············1勺（大）
盐、胡椒·············各适量

要点

成型后取出时淋上
80℃左右的汤汁

所需时间	难易度
*100*分钟	★★★

※不包括给蛤蜊去沙的时间

02 把秋葵的花萼部分薄薄剥去一层，涂上少量盐搓洗去掉茸毛后，用水清洗。

03 把卷心菜叶弄成适当大小，扇贝横切成2等份。南瓜去皮，切成厚度5mm左右的薄片，西班牙红椒去籽后，竖着切成两半。

04 把蛤蜊放入盐水（盐水不要盖过蛤蜊）中去沙。去沙后为了去除蛤蜊壳表面的污垢，在上面涂上适量的盐搓洗，然后用水洗净。

01 把兵豆倒进锅里，并加入刚刚盖过兵豆的水，用小火煮15~20分钟。加入盐和少量胡椒，然后带汤放置冷却。

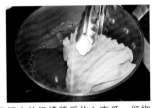

07 锅中的汤沸腾后放入南瓜、红椒和卷心菜。卷心菜熟得较快，变软后立即捞出。

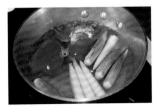

08 向锅中加入秋葵和玉笋。
※煮到用竹签可以一下子穿透即可。

09 秋葵煮到变色后捞出，用扇子扇风将其冷却。

05 为了防止吉利丁片粘在一起，把每一块吉利丁片分别放入冰水浸泡。

10 将南瓜、红椒和玉笋全部捞出。

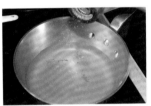

06 锅中放入清炖肉汤、百里香和月桂叶并加热。放入盐、胡椒，然后用勺子搅拌。

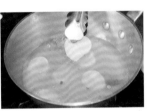

11 蔬菜全部捞出后，加入扇贝。煮到变色时立即迅速捞出。

12 将第4步中的蛤蜊加入到锅中并盖上锅盖，煮到蛤蜊张口即可。

17 将100ml的15装入另一个碗中并加入已经冷却的蔬菜和海鲜，搅拌蔬菜和海鲜使之沾满黏汁。

22 制作九层塔沙司。将九层塔叶切碎并用研磨棒捣碎。
※冷却一下材料和用具会使捣出的汁液颜色更好看。

13 将张口的蛤蜊捞出后取出蛤蜊肉。
※取蛤蜊肉时先把贝柱的根割断。

18 将模型打开，先铺上一层卷心菜，再在上边交替放上秋葵和玉笋，接着将扇贝和蛤蜊摆在上面并将少量的15浇在上面。

23 向碗里加入22和40ml的15、EXV橄榄油、少量的盐和胡椒并搅拌。把碗浸入冰水里搅拌会使做出来的沙司更黏稠。

14 将锅里的汤用网筛过滤后取出400ml并加入少量的盐和胡椒调味。
※如果汤冷掉了的话需要再稍微热一下。

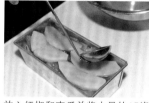

19 放入红椒和南瓜并将少量的15浇在上面。

24 将蔬菜冻切成宽2cm左右，最后浇上沙司即可。
※将模型浸入80℃热水中3分钟，接着将蔬菜用保鲜膜裹住冷冻，这样再开始切蔬菜冻不容易切坏。

15 把14和吉利丁片倒入碗中，使之溶解。待吉利丁片溶解后将碗置于冰水上冷却，汤汁变浓稠后将碗从冰水中取出。

20 加入去除水分的兵豆并将少量的15浇在上面。
※将模型放入冰箱或冷水中可以加快凝固的速度。

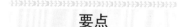

要点
防止蔬菜变形、变色

蔬菜煮过了就会变色、变形，根本显示不出这道菜的层次美。所以煮蔬菜时要先煮不易熟的蔬菜，到竹签可以一下子穿透时就可以取出。

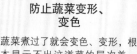

16 把15中的50ml装入模型容器中并将之放入装有冰水的盘子中冷却。

21 制作酸奶沙司。将蛋黄酱和芥末加入酸奶中并搅拌，最后加入盐和胡椒调味。

用笊篱捞出蔬菜后再插竹签。

Terrine de poulet aux champignons

法式蘑菇冻

不同风味的蘑菇浑然成一体！

01 洗净蘑菇。把蘑菇和杏鲍菇切成宽2mm左右的薄片，掰开口蘑和灰树花。

02 洋葱去皮并切丁。

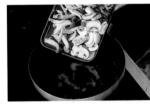

03 煎锅中倒入黄油并加热，黄油变成褐色时将所有菇类倒入锅中炒香。

04 蘑菇炒蔫后拨到锅的一侧，在空出的地方轻轻地炒洋葱。

05 洋葱炒蔫后将蘑菇和洋葱混到一起，将A倒入锅中稍微煮一下。最后加入盐和胡椒调味。

要点
要炒出蘑菇的美味

所需时间	难易度
70分钟	★ ★ ★

材料（一个700ml容器的用量）

鸡胸肉·······························225g

口蘑、杏鲍菇、蘑菇、灰树花······
　　　　　　　　　　　　合计180g

洋葱································60g

鸡蛋·······················1枚半（75g）

A ┌小牛汁（参照P30）·········75ml
　│白兰地·······················4勺（小）
　└红葡萄酒·····················50ml

淡奶油·························5勺（大）

黄油·······························20g

盐、胡椒·····················各适量

制作绿色调味汁的材料

切碎的香草（欧芹、皮萨草1勺（小）

白葡萄酒醋·····················1勺（大）

橄榄油·························2勺（大）

盐、胡椒·····················各适量

配菜的材料

菊苣·······························适量

芦笋·······························适量

06 将05盛入碗中并把碗浸入冰水中使之冷却。

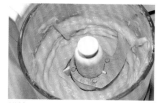

11 搅拌到图片所示程度就可以了。

16 在方盘底部铺上厨房用吸水纸，将15放在方盘中间。倒入半盘热水后放入165℃的烤箱中烤40分钟左右。

07 将鸡肉去皮并去除多余的油脂和筋，切成约2cm大小的块。
※事先冷却要使用的器具和材料。

12 将11倒入06的碗中并用橡胶锅铲搅拌。为了尝一下味道取出少量放入煎锅炒熟，并用盐和胡椒调味。

17 用竹签扎一下中间部位，如果看到有透明液体流出就说明已经熟了。沿容器内侧插入切板将食物取出。

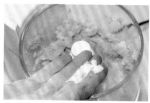

08 将鸡肉放入食物处理器轻轻搅拌。撒入盐和少许胡椒后再搅拌约1分钟。

13 在模型容器内侧涂上黄油并在底部铺上适当大小的防油纸（cooking sheet）。

18 为了能够均等地切分蘑菇冻可以事先计算好长度再切。

09 每次倒入1/3冷却后的鸡蛋后搅拌10秒左右，分三次完成。
※搅拌到均匀为止。

14 将12装入模型容器，把表面抹平。
※一点一点盛入，以防中间部分出现空隙。

19 制作绿色调味汁。将白葡萄酒醋、橄榄油、盐和少许胡椒放入碗中并仔细搅拌。

10 将冷却了的淡奶油分多次倒入并搅拌。
※如果过度搅拌，淡奶油会分离出来，请注意力度。

15 用铝箔纸盖住容器。
※覆盖两层铝箔纸，会使受热更均匀。

20 加入切碎的香草、盐和胡椒调味。最后将18装盘，旁边放上菊苣和煮过的芦笋，并浇上制作好的调味汁。

基础汤——小牛汁

使用小牛腿骨熬制成的法式西餐的基汤

小牛汁

材料（约1L份）

小牛腿肉	300g	番茄	1/2个（120g）
小牛腿骨	1kg	番茄酱	20g
洋葱	150g	水	4L
胡萝卜	50g	色拉油	适量
芹菜	20g	百里香	1枝
红葱头	20g	A 月桂叶	1片
大蒜	1瓣	白胡椒粒	3粒

❶把洋葱、胡萝卜、芹菜和红葱头切碎，大蒜竖着切开并取出蒜芯。将番茄以外的蔬菜和小牛骨放在涂了油的托盘上，涂上色拉油，放入220℃的烤箱中烤至烤肉色。
❷将煎锅里的色拉油加热后放入切成5cm宽的小牛腿肉，摊开煎好后放入1中。
❸将番茄酱拌入2中，将全部食物炒至金黄。
❹在比较深的锅里加入3和水，并用大火炖煮。开锅后改成小火并捞出上面的浮沫。
❺将切好的番茄和A放入锅中，煮6~7分钟。最后在过滤器上铺上吸水纸将其过滤。

要点

全部的小牛腿肉都要煎至烤肉色

为了能够做出漂亮的褐色汤汁，肉一定要做成烤肉色。煎肉时可以用力压一压，这样肉比较容易变色。

做好法式西餐的基础——小牛汁

小牛汁的法语为Fond de veau，Fond是汤汁的意思，veau是小牛的意思，Fond de veau直译过来就是用小牛做出来的汤汁。做好小牛汁的重点是要先将小牛的肉、骨头和蔬菜用烤箱等设备烤好。只有将肉和蔬菜烤出好的颜色才能做出美味的褐色汤汁。

用小牛的大腿肉和骨头熬制出的浓郁小牛汁经常用于炖煮肉类和沙司的制作。类似马德尔酒沙司、红葡萄酒沙司（P17）这样搭配肉类菜肴的沙司一般都是以小牛汁为主要原料。

褐色汤汁除了小牛汁之外还包括用野鸟和野兔等野味制成的野味汁、用羊骨架和碎肉做成的仔羊汁等其他不同种类的汤汁，制作不同的菜品时要选择适当的汤汁来搭配。

Salade niçoise

尼斯风味沙拉

色彩鲜艳的法国南部传统沙拉

尼斯沙拉

材料（2人份）

西班牙红椒·········· 1个（小、75g）
柿子椒·············· 1个（40g）
土豆················ 2个（小、200g）
凤尾鱼·················· 1条
黄瓜·············· 1、2根（50g）
番茄·············· 1个（小、100g）
黑橄榄·············· 4颗（12g）
鸡蛋··················· 1枚
生菜·············· 适量（个人喜好）
菊苣·············· 适量（个人喜好）
红菊苣············ 适量（个人喜好）
红胡椒·················· 5粒
盐···················· 适量

制作金枪鱼蛋黄酱的材料

金枪鱼（罐装）············· 40g
洋葱···················· 15g
蛋黄酱（参照P14）····· 1勺（大）
盐、胡椒·············· 各适量

制作调味汁的材料

A ⎡ 芥末·············· 1/2勺（大）
  ⎣ 白葡萄酒醋············ 1勺（大）
EXV橄榄油·············· 约3勺
盐、胡椒·············· 各适量

01 仔细清洗土豆，洗净后直接带皮放进锅里煮，煮至用竹签可以一下子穿透既可。
※开锅后为了防止土豆煮烂，改成小火。

02 用大火煮鸡蛋，开锅后改成小火，12分钟后取出。
※在开锅之前翻转几次鸡蛋可以使煮出来的鸡蛋蛋黄位置更居中。

03 将煮好的鸡蛋放入冷水中，剥去蛋皮。
※等鸡蛋完全冷却后再剥皮，并将剥完皮的鸡蛋洗干净。

04 用鸡蛋切片器将鸡蛋切成2~3mm宽的薄片。
※使用鸡蛋切片器可使薄片更完整、漂亮。

05 切掉黄瓜尾部，将黄瓜表面涂上适量的盐后在菜板上滚几圈，这样可以使黄瓜的颜色更鲜艳。
※如果有厨房用雕刻刀的话可以给黄瓜弄上花纹。

06 将黄瓜切成2~3mm宽的薄片。

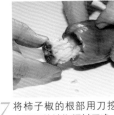

07 将柿子椒的根部用刀挖出并将落在里面的辣椒籽抖干净。

08 柿子椒切成2~3mm宽的薄片。

09 同样挖出西班牙红椒的根部并将里面的辣椒籽抖干净。

10 将西班牙红椒也切成2~3mm宽的薄片。

11 用刀挖出番茄的根部。※刀尖呈直角插入番茄，旋转番茄取出绿色根部。

12 将番茄竖切成两半，番茄放平后切成4~5mm宽的薄片。

17 将洋葱控水后加入碗中，用橡胶锅铲搅拌。放入少量的盐和胡椒后再次搅拌。

22 将土豆片摆放在托盘上并用小刷子涂上19的调味汁，接着把切成2mm左右细丝的凤尾鱼摆在上面。

13 用去核机取出黑橄榄的果核并将其切成圆薄片。如果没有去核机可以用刀将果核挖出。

18 制作调味汁。在碗的下面铺上一块抹布摆成环形，将A、盐和少许胡椒放入碗中并用打蛋器搅拌。

23 洗净生菜、菊苣和红菊苣洗净并控干水分后切成细约1mm的丝。

14 制作金枪鱼蛋黄酱。将洋葱先切成细丝后再切丁。※如果洋葱开始切得很粗，会破坏它的植物纤维，口感就会下降。

19 搅拌均匀后一边慢慢倒入EXV橄榄油一边搅拌使之乳化。尝一下味道如何，再加入盐和胡椒调味。

24 将切好的生菜、菊苣和紫菊苣交错摆放。

15 将切好的洋葱放入漏网中并用水泡5分钟左右。

20 将01中煮好后的土豆捞出，用毛巾垫着将土豆拿起并给土豆去皮。

25 用两支汤匙将金枪鱼蛋黄酱做成肉汤圆的形状（橄榄球状）。

16 将罐装金枪鱼挖入碗中并加入蛋黄酱。

21 将土豆切成8mm宽的薄片。
※在第22步中如果能趁热给土豆涂上调味汁，土豆就会比较容易入味，所以处理土豆时要尽量快。

26 在24的上面依次摆上22、12、06、04、08、25、10。将25的上面摆上红胡椒粒，10的上面摆上13，最后加上调味汁即可。

充分了解沙拉中必不可少的带叶蔬菜

试试用我们日常生活中不常吃的蔬菜来制作沙拉

绿叶生菜
生菜的一种。叶子呈卷缩状，口感柔软，味道清新。既可以生食也可以用来蒸煮或加入汤里以增加汤的风味。

苦苣
叶片呈浅绿色，叶缘有锯齿，叶片以裥褶方式向内抱合成松散的花形，水分较多，苦味稍重。主要用于制作沙拉，既可生食也可熟食。

红菊苣
也叫意大利红叶菜或紫菊苣。主要产地是意大利，在法国南部也有种植。红菊苣味道微苦并有独特的酸味。

菊苣
长10~20cm，口感清脆，味微苦。经常搭配蛋黄酱一起食用。

皱叶卷心菜
也叫皱叶甘蓝。卷心菜经过改良种植，出现了红色卷心菜、白色卷心菜、皱叶卷心菜等很多新品种。卷心菜耐高温，既可以煮也可以炒，是人们经常食用的蔬菜。

水芹
十字花科多年生植物，纤细，淡绿色，有胡椒味。可用于沙拉或用作香料与食品添饰物。

法国人经常食用的绿色蔬菜

　　法国在欧洲可以称得上是数一数二的农业国，盛产蔬菜。法国人比较常吃的蔬菜有菊苣、红菊苣、水芹等，此外还有卷心菜、生菜等我们比较熟悉的蔬菜。法国的卷心菜有白色、紫色和绿色等许多品种，其中法国人最常吃的是白色卷心菜，罐装白色卷心菜和以它为原料做成的法式泡菜都非常受欢迎。此外黄油炒嫩卷心菜等炒蔬菜也是法国人餐桌上常见的配菜。

　　在清洗这些带叶蔬菜时注意不要把蔬菜泡在水里时间过长。把蔬菜短时间地浸入水里可以使蔬菜恢复新鲜，但是如果蔬菜浸入水里时间过长会使蔬菜的水分含量过多，蔬菜的叶子也容易变蔫。此外，洗花椰菜时可以适当放一些醋，以防花椰菜变色。

番茄浓汁
西班牙红椒慕斯

浓浓的西班牙红椒风味，口感顺滑的慕斯

番茄浓汁
西班牙红椒慕斯

材料（2人份）

制作西班牙红椒和毛豆蔬菜冻的材料

西班牙红椒	1/4个（40g）
毛豆（冷冻也可）	30g
清汤（参照P70）	200ml
吉利丁片	2g
盐、胡椒	各适量

制作西班牙红椒慕斯的材料

西班牙红椒	1/2个（75g）
清汤	200ml
吉利丁片	2g
西班牙红椒粉	少许
淡奶油	40ml
黄油	10g
粗盐（精盐也可）	适量
盐、胡椒	各适量

制作番茄浓汁的材料

番茄	1个（大、200g）
番茄酱	1/2勺（小）
橙汁	1勺（大）
雪利酒醋	1勺（小）
辣椒粉	少许
白糖	少许
盐、胡椒	各适量

装饰材料

香芹	适量

要点
关火后放入吉利丁片

所需时间	难易度
70分钟	★★★

01 取4g吉利丁片浸入冰水中变软后捞出。
※冰块融化后水温会上升，所以要注意水温的变化，不要让吉利丁片融化在里面。

02 制作西班牙红椒和毛豆蔬菜冻。锅里加入清汤和西班牙红椒，将红椒煮到一定程度后捞出并保留锅中的汤。

03 从锅中捞出的西班牙红椒，去皮后切成宽8mm左右的丝。将毛豆放入热水（加入1%的盐）中解冻，解冻后剥开豆荚取出毛豆。

04 将2g的吉利丁片放入02中的汤汁中。※如果汤汁非常热，会影响吉利丁片的凝固效果，所以不要把汤汁加热。

05 吉利丁片完全溶解后倒入碗中，然后加入03中切好的红椒和毛豆、加盐和少许胡椒调味。

06 将碗放入冰水中冷却同时稍微搅拌一下。
※在汤汁变浓稠后再搅拌容易起气泡，所以要尽快搅拌。

07 将06中做好的蔬菜冻用汤匙盛入玻璃杯或其他容器中后，放入冰箱中冷却，使之凝固。

08 制作西班牙红椒慕斯。西班牙红椒去籽后切成1~2cm见方的小块。

09 锅中放入黄油加热，溶解后加入切好的红椒，用小火炒。
※炒过的西班牙红椒更香甜，更能体现它的美味。

10 红椒炒好后向锅中倒入清汤并放入盐和少许胡椒，用小火煮到红椒变软为止。

11 将10用网筛过滤，分开汤汁和原料。再把汤汁煮到剩下100ml为止。

12 将11中的西班牙红椒和热汤汁、01中的吉利丁片2g、西班牙红椒粉放入搅拌机中搅拌。

17 将16盛入已经冷冻好的07的蔬菜冻上并再次放入冰箱冷冻。

22 停止搅拌后加入雪利酒醋、辣椒粉和白糖调味，再次搅拌均匀即可。

13 搅拌好后用网筛过滤。

18 制作番茄浓汁。用叉子从根部叉住番茄并把番茄放在火中烤，番茄皮烤到裂开后立即放入冷水里冷却2～3分钟。

23 搅拌好后倒入碗中并放入冰箱。
※放置一段时间气泡消失后颜色会变得更红。

14 将淡奶油和盐放入碗中并用打蛋器搅拌，直到起很多泡为止。

19 用抹布擦干番茄表面的水分，将刀插入裂开的部分，剥去番茄皮。

24 从冰箱里取出17，将番茄浓汁用勺子盛入杯中，最后放上香芹即可。

15 将装有13的碗放入冰水中冷却，变得更浓稠后取出。

20 将番茄子去尽并将剩下的番茄切块后放入搅拌机。

要点
轻轻敲击桌面以调整慕斯的高度

把慕斯和沙司装入杯子里时，慕斯的高度比较难掌握。为了调整慕斯的高度，可以单手握住杯脚轻轻敲击桌面。

16 将14中的淡奶油倒入碗中并搅拌。

21 将番茄酱、橙汁、少量的盐和食盐放入搅拌机一并搅拌，搅拌到番茄完全变碎即可。

可以在桌子上铺抹布以缓冲敲击的力度

赏心悦目的食物! 简单的菜肴装饰技巧

只要下一点工夫就能掌握专业的装饰技巧

沙司	道具	器皿

先将浅颜色的沙司盛入盘中,在上面滴上一圈深颜色的沙司(点状)。用竹签从深颜色沙司划过(中间),点状的沙司就变成了心形。

在浅颜色的沙司上滴两圈深颜色的沙司,用竹签画出一个个小的花瓣形状。

在制作法式肉汤圆时准备两个汤匙。两个汤匙互相交错弄出三边一样大的形状。

用定型圈将食物做成圆形。将不同种类的食物交互叠放最后拔出定型圈,这样菜看上去就更漂亮了。

对初学者来说最好使用设计简单且比较大的盘子。盘子越大越容易协调好菜品和沙司的位置。

将慕斯或肉冻等柔软的菜肴盛入玻璃杯中会显得更有情调。盛入慕斯时以单手握住杯脚轻轻敲击桌面以除去杯中的泡沫。

掌握菜肴装饰技巧

　　法式西餐给人的印象是既美观又华贵。事实上法式西餐的装饰并没有大家想象中那么难,这里就向大家介绍一些初学者也可以轻松掌握的装饰技巧。

　　首先要考虑如何充分利用容器的空间来摆放菜肴和沙司。对于初学者来说,白色的大盘子是最好的选择,圆形的盘子要比四方形的更好一些。一般来说肉类菜品用直径26cm的盘子比较合适,鱼类菜品的话用直径24cm的盘子就可以了。

如果能够提前准备好各种尺寸和形状的容器,装饰食物时就非常方便了。

　　用圆形的盘子装牛排之类的食物时,首先要把配菜放在里侧,然后将主要菜肴放在盘子中央或是放在比较靠近边上的位置,接着浇上沙司,最后摆上薄薄的绿叶蔬菜即可。如果使用的沙司有浓淡两种类型,要先放入淡沙司,再加入浓沙司。先在脑中构想一下,再动手给沙司画图,这样您做出的菜看上去就更不一样了。

Salade de lentilles

浇上热调味汁的兵豆沙拉

冷热搭配的美味

浇上热调味汁的
兵豆沙拉

材料（2人份）

洋葱	15g
番茄	1/3个（50g）
香芹	1/2根
芥末	1勺（大）
盐、胡椒	各适量

煮兵豆的材料

兵豆	80g
洋葱	20g
胡萝卜	20g
芹菜	20g
百里香	1枝
月桂叶	1片

制作葡萄籽调味汁的材料

芥末	1勺（大）
白葡萄酒醋	2勺（大）
葡萄籽油	6勺（大）
盐、胡椒	各适量

制作热蘑菇沙拉的材料

口蘑	1/2袋（50g）
杏鲍菇	1/2个（50g）
蘑菇	2个（15g）
生菜	1片（大、30g）
法国红菊苣	1片（40g）
苦苣	1片（10g）
葡萄籽调味汁	（做好的）50ml
橄榄油	1勺（小）
黄油	4g
盐、胡椒	各适量

要点
要将兵豆煮软

所需时间	难易度
*60*分钟	★★★

01 将煮兵豆所需的材料切好。胡萝卜、洋葱和芹菜切大块。
※为了取出时更方便所以要切大块。

02 将兵豆、胡萝卜、洋葱、芹菜、百里香和月桂叶放进锅里并加入刚好盖住所有材料的水后加热。

03 开锅后用舀勺撇出上面的杂质并改用小火煮20分钟。

04 洋葱切丁后放入水中浸泡。把香芹切丁，番茄去皮去籽后切成5mm见方的小块。

05 将口蘑摘干净并用手掰成小块。

06 将杏鲍菇用手撕开，不要撕太小。
※将所有菇类都弄成和口蘑一样的大小，这样既美观又可以掌握它们煮熟的时间。

07 将蘑菇清理干净后切成6段。

08 制作葡萄籽调味汁。将湿抹布弄成环形垫在碗下以防碗滑动。

09 将芥末、白葡萄酒醋、1/4勺盐和胡椒放入碗中搅拌。

10 一边将葡萄籽油慢慢倒入碗中，一边用打蛋器搅拌。
※沿着碗侧面倒比较容易控制倒入的速度。

11 03中的兵豆煮软后装入碗中并放入冰水中冷却。

16 制作热蘑菇沙拉。将生菜、红菊苣、苦苣切成适当的大小后放入冰水里。

21 将10中的葡萄籽调味汁50ml倒入锅中并搅拌。

12 挑出碗中的胡萝卜、芹菜、洋葱、百里香和月桂叶，只留下兵豆。

17 将生菜、红菊苣、苦苣放入带孔的盆中以去除水分。

22 将定形器放在盘子中央，把15中的兵豆沙拉盛入其中，表面用勺子背压平。
※要用力压平，否则沙拉容易散开。

13 将兵豆用网筛过滤去除水分。在碗里铺上厨房用吸水纸后倒入兵豆，用手按压以再次将水分去除。

18 将黄油和橄榄油倒入锅中并加热。

23 将17中切好的蔬菜摆在四周，21中的热蘑菇沙拉摆在蔬菜上。最后将定形器拔出，这道菜就完成了。

14 将兵豆、芥末、10中的的葡萄籽调味汁50ml、04中的洋葱、番茄和香芹装入碗中并搅拌。

19 黄油变成褐色后，将05的口蘑、06的杏鲍菇、07的蘑菇倒入锅中，大火炒至金黄色。

要点
如何让兵豆吃起来更美味

兵豆即使煮得软软的，变凉后又会变得比较硬。所以在煮兵豆时一定要煮足够长的时间，这样即使兵豆凉了之后吃起来也不会感觉特别硬。

15 搅拌均匀后放入盐和少许胡椒并再次搅拌。

20 炒好后加入盐和少许胡椒，并将火关掉。

用小火煮兵豆以防止兵豆被煮烂

41

充分发挥菌类食材特有的香味

下面为您介绍不同档次的法国菌类

牛肝菌

牛肝菌味道鲜美，营养丰富。该菌菌体较大，肉肥厚，柄粗壮，食味香甜可口。干牛肝菌香味特别浓郁。

喇叭菌

喇叭菌呈喇叭或号角形，全体灰褐色至灰黑色，也叫黑喇叭菌。肉质较硬，味道鲜美。

松露

松露被法国人称作"钻石"，其身价与鱼子酱、鹅肝酱等高级美食并列，号称美食"三大天王"。主要有白松露、黑松露、夏松露三种。

鸡油菌

鸡油菌呈杏黄色至蛋黄色，也叫杏菌或杏黄菌。法式西餐中经常用腌制好的鸡油菌做配菜。

羊肚菌

羊肚菌又称羊肚蘑、羊肝菜、编笠菌，菌盖表面呈蜂窝状。羊肚菌的口感像橡胶一样非常有弹性，味道鲜美。

蘑菇

食用蘑菇主要有白色蘑菇和棕色蘑菇两种，是人们经常食用的菌类。

处理脆弱的菌类食材时要仔细

拥有独特香味、口感鲜美的菌类是法国人最喜欢的食材之一。在法国，一到秋天人们就会到巴黎郊外去采蘑菇，炒蘑菇、蘑菇沙拉等各种各样的蘑菇菜肴深受法国人的喜爱。

在法国的市场上，你可以买到新鲜蘑菇、干蘑菇、罐装的蘑菇、冷冻的蘑菇等各式各样的蘑菇。新鲜的蘑菇容易破损和变色，所以不要提前对蘑菇进行清洗，最好在即将做菜前再清洗。使

用干蘑菇时，一般要先用热水浸泡，使之变软，泡过蘑菇的热水也可以用于烹饪之中。

一般来说新鲜蘑菇的保鲜期在2~3天，把新鲜的蘑菇放入冰箱并保持良好的通风，基本上也可以保存一周左右。如果在这期间发现蘑菇变色或腐烂，可能是蘑菇表面有伤痕所致，所以在购买时要注意观察蘑菇表面有没有伤痕。干蘑菇在常温下一般可以保存一年左右。

Rillettes de porc

猪肉酱搭配蔬菜
和烤面包

非常具有代表性的法国储存食品

43

猪肉酱搭配蔬菜和烤面包

材料（4人份）

猪里脊肉（或者猪骨头周边的肉）……
……………………………… 400g
洋葱…………………… 1/4个（50g）
胡萝卜…………………… 1/3根（50g）
红葱头（或者洋葱）…… 1个（15g）
大蒜…………………………… 1瓣
核桃…………………………… 6个
水煮绿胡椒……………… 1勺（小）
法国棍子面包……………… 1/2个
清汤…………………………… 300ml
白葡萄酒…………………… 100ml
黄油…………………………… 50g
盐、胡椒……………………… 各适量

装饰材料

核桃…………………………… 适量
法国泡菜…………………… 适量
水煮绿胡椒………………… 适量

要点
煮到完全没有用水分

所需时间	难易度
200分钟	★ ★ ★

01 胡萝卜去皮，竖着切成两半后切成1cm见方的小块。

02 洋葱去皮后切成1cm见方的小块。

03 红葱头去皮后切成1cm见方的小块。

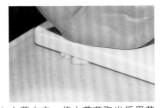

04 大蒜去皮，将大蒜芯取出后用菜板将其压碎。

05 猪里脊肉切成2cm见方的小块，将1/3勺（小）盐和一撮胡椒拌入肉块中并用力攥肉块。

06 将核桃摆放在烤箱板上，放入180℃的烤箱烤7～8分钟。

07 将核桃从烤箱中取出，用刀粗略切一下。

08 将法棍切成5mm宽的细长形，放入烤面包机中烤2～3分钟。

09 用中火加热，黄油会逐渐融化并产生很多气泡。
※黄油稍微变色时再放蔬菜，这样炒出来的蔬菜颜色比较诱人。

10 锅中的黄油起泡后将胡萝卜、洋葱、大蒜、红葱头倒入锅中，翻炒一段时间。

11 将猪肉倒进锅中，并改用中大火继续翻炒。用锅铲把肉快速分散均匀，然后先暂时不要翻动锅中的肉和菜，直到贴近锅一面的肉和菜变成金黄色，再将肉和菜翻过来。

12 等到锅里的菜都变成漂亮的金黄色后，再将白葡萄酒一下子都倒进去，这样锅底的精华就能挥发出来。

13 白葡萄酒的酒精全部挥发掉后，往锅里加入清汤、盐和少许花椒。等到锅里的汤沸腾之后，撇出漂在表面上的浮沫。

14 盖上锅盖煮2.5小时左右。如果中间汤干了，就再往锅里加水。（使用压力锅煮25分钟左右，过程中不要揭开锅盖。）

15 用竹签扎肉块，如果能够一下扎透的话就将锅里的菜倒进网筛里将菜和汤分离。

16 将15中过滤出来的肉和菜倒进研钵中并用木棒将其捣碎。将捣好的菜放进碗中并将碗放入冰水中冷却。

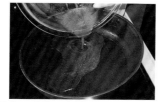

17 将15中的汤汁倒入煎锅里用小火煮。

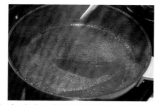

18 煮到听不到水花溅出的声音即可，最后大约能剩下100ml的汤汁。
※如果水分太多，不利于食物的保存。

19 将煮好的18中的汤汁倒入碗中并放入冰水中冷却。
※不要冷却过度，否则汤汁会变凝固。

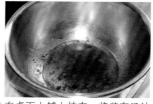

20 在桌面上铺上抹布，将装有汤汁的碗（冷却后）放在上面。

21 将16中捣碎的肉一点点的盛入20的碗中并用橡胶锅铲搅拌均匀。

22 搅拌均匀后加入适量的盐和胡椒调味。

23 将07中的核桃、水煮绿胡椒加入碗中并搅拌。

24 将装好的肉酱和08中的法棍摆放到大盘子里，最后摆上法国泡菜、核桃和水煮绿胡椒即可。

要点

待水分蒸干后再保存起来

如果在制作过程中没能充分去除水分，会使做出来的肉酱口感下降，且不易保存。在将肉酱放入冰箱保存时可以在上面涂上一层猪油，这样肉酱可以保存2~3周。

煮到听不到水花溅出的声音

45

记住以下几点您就可以放心地处理蔬菜了

正确处理蔬菜可以使蔬菜更诱人

大葱

❶用刀把葱竖切成两等份。
❷握住大葱根部把葱叶放入装满清水的容器中清洗。
※清洗时将葱叶分开以便洗掉尘土。

大蒜

❶将剥了皮的大蒜竖切成两等份，用刀将蒜芯取出。
❷用菜板或刀背将大蒜弄碎。切片的话也要先把大蒜芯取出。

洋蓟

❶首先掰掉洋蓟的茎根。
❷用手剥下外围粗纤维花瓣，剩下不好剥的用刀切除，只留下里面的芯。
※需要注意的是，露出的芯的部分要马上涂上柠檬汁，防止变色。

番茄

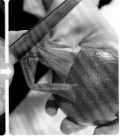

❶将番茄放入沸腾的热水中10秒钟左右，番茄表皮充分受热后将其捞出。
❷接着将番茄放入冷水中2分钟左右，捞出后擦去表面的水分，用刀剥去番茄皮（从裂口的地方入手）。

学会正确的处理方法让蔬菜更加美味

不同种类的蔬菜采用的处理方法也不尽相同。如果在做菜之前能够准确恰当地处理蔬菜，既可以防止蔬菜变色也能让蔬菜更加美味。

例如把有些发蔫的带叶蔬菜泡进水中，可以让蔬菜更水灵，这样制作出来的菜肴就更加美味了。在炸土豆或红薯时应该先把他们放在水里泡一下，将淀粉去除，如果不这样做，它们就很容易粘在一起。另外在煮南瓜或胡萝卜时，最好先进行刮圆（将切口的角刮平）处理，以防煮烂。

想要吃到美味的蔬菜，也不能忽略蔬菜的保存。蔬菜最怕的就是干燥、没有水分的环境，所以可以把蔬菜装入保鲜袋或密闭容器中保存。另外，还有一种更有效的方法，就是把蔬菜茎的部分泡在水里或用湿纸包起来，这样蔬菜将更容易保存。

Verre de légumes et tomate farcie à la mousse de saumon fumé

熏鲑鱼慕斯搭配
棒形蔬菜沙拉

色彩缤纷的蔬菜搭配慕斯一起食用

熏鲑鱼慕斯搭配
棒形蔬菜沙拉

材料（2人份）

小番茄……………… 2个（20g）
小胡萝卜……………… 2根（80g）
小萝卜……………… 2根（40g）
秋葵……………… 2根（14g）
白芦笋……………… 2根（80g）
玉笋……………… 2根（14g）
盐……………………………适量

制作熏鲑鱼慕斯的材料

熏鲑鱼…………………………50g
淡奶油…………………………80ml
九层塔叶……………………… 4片
盐、胡椒…………………各适量

制作刺山柑调味汁的材料

刺山柑（腌制）………… 1勺（大）
莳萝……………… 1勺（小）
雪利酒醋……………… 2勺（小）
EXV橄榄油……………… 4勺（小）
盐、胡椒…………………各适量

装饰材料

香芹……………………………适量

要点
充分利用芦笋的皮和根茎

所需时间	难易度
50分钟	★ ★ ★

02 用削皮器厚厚地削去一层芦笋的表皮并切掉根部（2～3cm）。把削掉的皮和根部保存好，备用。

03 用削皮器薄薄地削去胡萝卜皮。

04 把小萝卜也同样薄薄地削去皮。

05 把九层塔叶切丁。
※九层塔一旦被弄碎的话容易变成黑色，所以在切丁时注意要滑动着切不要剁。

01 将秋葵的根（上面的部分）去掉并剥去花萼。涂上适量的盐，用手轻搓以去除秋葵表面的绒毛，最后用水清洗。

06 将番茄尾部（5mm）切掉。

07 将熏鲑鱼切成1～2cm宽的小块。
※一会儿要把淡奶油和熏鲑鱼搅拌在一起来制作慕斯，最好把制作慕斯需要的材料都提前冷却一下。

08 将白芦笋皮和切掉的根部放入沸水（加入1%的盐）中，煮10分钟左右。

09 煮好后将08放置10分钟左右，10分钟后将白芦笋皮和切掉的根捞出扔掉。

10 用09的汤将秋葵和玉笋煮软，煮好后用笊篱捞出并冷却。

11 将10烧开，放入白芦笋，煮软后捞出。

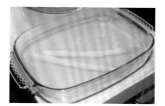

12 白芦笋煮软后将白芦笋和锅里的汤都倒入大盘子中冷却。

17 搅拌到图片这种程度后向里面加入适量的盐和胡椒并轻轻搅拌均匀。
※注意，如果过分搅拌，淡奶油会分离出来。

22 将刺山柑调味汁倒入玻璃杯中后把小胡萝卜斜插在上面。

13 制作熏鲑鱼慕斯。将07中的熏鲑鱼放入食物处理器中搅拌。
※食物处理器要提前冷却。

18 将熏鲑鱼慕斯加入裱花袋中并用卡片挤出里面的空气。

23 陆续将小萝卜、秋葵、白芦笋、玉米笋装入杯中。
※将白芦笋靠在胡萝卜上以防白芦笋倒下。

14 熏鲑鱼搅拌好后将九层塔倒入。

19 制作刺山柑调味汁。将刺山柑和莳萝切成丁。

24 将06中的小番茄放入玻璃杯中并在上面挤上18的熏鲑鱼慕斯。最后将香芹摆在上面即可。

15 14搅拌好后将冷的淡奶油一点点倒入食物处理器中搅拌。

20 将刺山柑、莳萝、雪利酒醋、少量的盐和胡椒放入碗中搅拌。碗下面垫上一块摆成环形的抹布以防碗滑动。

要点

白芦笋的正确
处理方法

用削皮器仔细地削去白芦笋黄色的表皮，直到露出里面透明的部分。另外芦笋叶鞘的部分很硬，需要小心处理。

16 在搅拌过程中可以不时地停下处理器，将分散了的材料聚集在一起后再接着搅拌。

21 一边将EXV橄榄油一滴一滴地倒入碗中，一边用打蛋器搅拌。

将硬硬的根部切掉

制作法式西餐的技巧和重点❻

调味的天才! 芳香四溢的调味香草

使用各种调味香草来增加菜肴的味道

1.月桂叶

月桂叶也叫做天竺桂。干月桂叶是欧洲人常用的调味料和餐点装饰，用在汤、肉、蔬菜或炖食等。月桂叶还具有防腐效果，也经常用于腌渍或浸渍食品。

2.龙蒿

多年生草本，全株无毛，主根粗大。它的英文名字是Tarragon。龙蒿叶可与各种沙司搭配食用。

3.百里香

百里香是一种生长在低海拔地区的芳香草本植物，原产于地中海沿岸。其味道辛香，用于炖肉、蛋或汤中。应该尽早加入，以使其充分释放香气。

4.莳萝

莳萝属欧芹科，叶片鲜绿，呈羽毛状，种子呈细小圆扁平状，味道辛香甘甜。莳萝经常用于冷汤类或鱼类菜肴中。

5.欧芹

欧芹，别名法国香菜，是西餐中不可缺少的香辛调味菜及装饰用蔬菜，宜生食。用作热菜的原料时，一般最后放。

6.迷迭香

迷迭香叶带有茶香，味辛辣、微苦。在煎炒、炖煮菜时经常使用。迷迭香香味浓烈，注意不要过量使用。

充分运用香辛蔬菜使菜肴的内容更加丰富

香味浓郁的调味香草具有除去鱼、肉等食材的腥味或异味，增加沙司的香味，装饰菜肴等多种功能，是法式西餐中必不可少的重要食材之一。调味香草有新鲜的和晒干的两种类型，一般来说，干调味香草的香味要比新鲜的香辛蔬菜更浓郁，在使用时注意不要使用过多。另外新鲜的调味香草需要加热时要注意火候，加热过度会降低调味香草的口感。

烹饪时可以只使用一种调味香草，但是法式西餐一般每道菜中都会使用2~3种调味香草。其中最具代表性的就是香料包（bouquet garni），扎成一束的香草被置于汤或炖肉(菜)中作为香料。最基本的香料包是由欧芹、月桂叶、百里香和香芹组成，用粗棉线将所有原料绑在一起，但也可以根据自己的喜好任选几种香草。如果觉得粗棉线不好用，也可以使用煲汤袋。

生牡蛎冻配酸奶油沙司

香滑柔软、入口即化

生牡蛎冻配
酸奶油沙司

材料（2人份）

生牡蛎（带壳）………6个（300g）
酸奶油………………………40g

制作焖煮大葱的材料

红葱头（或洋葱）………………10g
白葡萄酒………………………40ml
清汤（参照P70）………………80ml
牡蛎汁
……（前面的牡蛎中提取）4勺（大）
吉利丁片…………………………2g
胡椒……………………………适量

装饰材料

莳萝……………………………适量
粗盐……………………………适量

要点
用小火炒大葱

所需时间	难易度
*60*分钟	★ ★ ★

02 将大葱切成5cm长的细丝，红葱头切丁。

03 将吉利丁片放入托盘的冰水中，待吉利丁片软化后取出。

04 处理生牡蛎。将牡蛎壳上的苔藓和泥沙冲洗干净。

05 单手握住牡蛎，壳比较鼓的一面朝下，用刀插入两壳之间。
※为了防止割伤手，最好带上手套或垫上毛巾再进行处理。

01 将大葱竖切成两半。碗中盛满清水，把大葱的葱叶部分泡入水中仔细清洗。
※将葱叶之间的泥沙仔细清洗干净。

06 将牡蛎汁倒入碗中。
※单手握住牡蛎，比较鼓的壳朝下，切断牡蛎右前方的贝柱将壳打开。

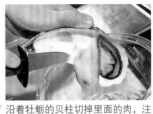

07 沿着牡蛎的贝柱切掉里面的肉，注意不要碰坏牡蛎肉。
※牡蛎壳还要作为容器，将比较鼓的牡蛎壳清洗干净。

08 碗里装满水，将牡蛎肉放入水中清洗掉没有去掉的壳和其他污垢。清洗干净后用厨房用纸巾包住放入冰箱。

09 从06中的牡蛎汁中用网筛过滤出60ml。
※牡蛎汁如果太多，做出来的牡蛎冻会比较咸。

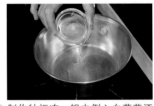

10 制作牡蛎冻。锅中倒入白葡萄酒并用大火加热。

11 将09中的牡蛎汁、清汤、02中的红葱头放入锅中烧开。

12 沸腾后改成小火加热，让红葱头的香味发挥出来。
※如果用大火加热，就不能使红葱头的香味散发出来。

17 将02中的大葱倒入锅中，用小火炒软。
※慢慢炒以防大葱被炒煳。

22 将07中的牡蛎壳擦干，把20盛入其中。

13 将12中的汤汁煮到剩120ml左右。

18 将清汤、适量的盐和胡椒放入锅中，盖上锅盖用小火煮10分钟左右，注意不要煮煳了。

23 将08中牡蛎摆在上面，浇上15中的牡蛎冻。

14 将13中的汤汁倒入锅中并加入少许胡椒。将从03中取出的吉利丁片放入锅中，使之溶化。整个过程不需要加热。

19 煮好后将淡奶油倒入锅中并加少许盐和胡椒调味。

24 用两支汤匙把酸奶油弄成法国肉丸的形状（橄榄球状）后摆在上面。最后摆上莳萝即可。

15 吉利丁片溶化后将其过滤到碗里。将碗放入冰水中使之冷却、凝固。

20 煮至黏稠后，将其盛入碗中并放入冰水中冷却。

错误 ✕

注意
不要让大葱煳掉！

在煮大葱的时候用的水比较少，如果用大火煮容易煳掉，所以煮大葱时要用小火。在煮的过程中，可以不时揭开锅盖观察一下状况。

大葱煳掉就不能再用了

16 制作焖煮大葱。把锅中的黄油加热到完全融化并出现气泡。

21 准备一个大盘子，中间铺上一层粗盐。
※盐可以固定住牡蛎壳，如果没有粗盐也可以使用普通的盐。

让海鲜更美味! 处理海鲜类的方法

即使不做法式西餐也非常实用

墨鱼

去掉墨鱼外面的黑皮,把骨头抽出扔掉,从墨鱼须处挤出牙和眼。洗净沥干水分并让其保持筒状。鱼肠和墨汁不要扔掉,可以用在食物中。

牡蛎

拿牡蛎时将比较平的壳朝上,在上下壳之间插入收拾牡蛎的专用刀。牡蛎壳很容易伤到手,处理时一定要戴手套。

龙虾

收拾活的龙虾时容易被龙虾的大钳子夹到,所以最好在龙虾的大钳子上套上橡皮筋,收拾好之后再将橡皮筋拿掉。

贻贝

从贻贝两个壳中间的缝隙露出来的细条状物体是贻贝的足丝。把足丝挂在叉子上将里面的肉拽出。

制作海鲜类菜肴时必须先将海鲜处理好

与其他食材相比,制作海鲜类菜肴时的前期准备工作比较烦琐。但是只要掌握了处理海鲜的技巧,我们就能在家吃到自己亲手制作的、平时只有在餐厅才能吃到的食物。

贻贝、牡蛎等贝壳类食物表面上一般会有很多污垢,一定要仔细清洗干净。需要将里面的肉取出时把刀插入贝壳之间,切断贝柱后将肉取出。

处理墨鱼时首先将连着墨鱼腿和身体的筋撕掉,拔掉墨鱼腿。之后把手伸进墨鱼体内将里面的软骨抽出。需要去皮时可以用干净的抹布边搓边剥皮,这样皮比较容易剥掉。

收拾龙虾时要将其表面仔细冲洗干净,根据不同的菜肴可以将龙虾的头和身体切成两段或将龙虾背部剖开。龙虾的胃是不能食用的,要扔掉。

Mousse de foie de volaille

鸡肝慕斯

慕斯和法棍、蔬菜脆片非常相配

鸡肝慕斯

材料（2人份）

鸡肝	150g
洋葱	60g
大蒜	1/2瓣
清汤（参照P70）	4勺（大）
白兰地	2勺（小）
白葡萄酒	2勺（大）
百里香	1/2枝
凤尾鱼酱	1勺（小）
蜂蜜	1勺（小）
法棍	4个
黄油	17g
色拉油	1/2勺
盐、胡椒	各适量

制作香草沙司的材料

香芹	1根
九层塔叶	3片
欧芹	1根
核桃	3个
柠檬榨汁	1勺（大）
EXV橄榄油	2勺（大）
盐、胡椒	各适量

制作蔬菜脆片的材料

藕、红薯	各2cm1份
植物油	适量

装饰材料

薄荷	4片
红胡椒	2粒

要点
把鸡肝煎至棕色

所需时间	难易度
50 分钟	★★★

02 莲藕去皮后切成接近透明的薄片并将切好的莲藕浸入醋水中。

07 将鸡肝放到托盘上，向里面加入1/3勺（小）盐和一撮胡椒后用手揉搓。

03 将红薯带皮切成接近透明的薄片并放入水中浸泡。

08 将2g黄油和色拉油倒入锅中并加热。稍后放入鸡肝并用大火煎至深棕色。

04 将洋葱剥皮后切成厚度为1~2mm的薄片。

09 把白兰地倒入锅中以除去鸡肝的腥味。鸡肝的里面还是半生状态时将鸡肝盛入托盘中。

05 用刀去掉鸡肝上多余的油脂和血管后将其切成2cm宽的小块。

10 在另一个煎锅里加入15g的黄油和切碎的大蒜并用小火加热。

01 把法棍切成5mm厚的薄片。

06 将鸡肝放入冰水中洗净，洗净后将鸡肝放在毛巾上擦干。

11 炒出蒜的香味将04中的洋葱倒入锅中翻炒。

12 洋葱炒软后撕下百里香的叶片（只加入叶片）加入锅中。将凤尾鱼酱也倒入锅中并搅拌均匀。

17 把16稍微冷却后，倒入食物处理器中搅拌。

22 摘下香芹、九层塔和欧芹的叶子后将其切丁。

13 搅拌好后将09中的鸡肝倒入锅中翻炒。

18 不时地停下食物处理器，将被搅分散的材料聚集到一起后再接着搅拌。

23 把21中核桃加入研钵中捣碎。接着将切好的香草放入研钵中捣碎。
※如果将食材和器具提前冷却，捣碎的食材颜色会更好看。

14 将全部的白葡萄酒均匀地倒入锅中，等待酒精全部挥发。

19 将鸡肝搅拌到像图中那样细腻时将其盛入碗中。

24 捣好后将EXV橄榄油、柠檬汁、盐和少许胡椒加入其中并搅拌均匀。

15 酒精完全挥发后将清汤和蜂蜜倒入锅中。

20 制作蔬菜脆片。将切好的藕和红薯放到160℃的油中炸至金黄，炸好后放在铺好的厨房用纸上。

25 用勺子将24涂抹在面包片上并放入烤箱烤2～3分钟，烤好后摆放在盘子上。

16 向锅中加入盐和少许胡椒调味。煮熟鸡肝并收干汤汁。

21 制作香草沙司。将核桃放入沸水中煮5分钟左右，接着将其放入冷水中冷却并剥去核桃皮。

26 将蔬菜脆片摆在盘子上，把19中的慕斯根据自己的喜好弄成好看的形状摆好。最后在面包片上摆上薄荷，蔬菜脆片上摆上红胡椒，再浇上一点24的香草沙司即可。

制作法式西餐的技巧和重点 ⑧
勃艮第、罗讷—阿尔卑斯地区的特色

世界著名的葡萄酒庄园——罗曼尼·康帝（La Romanee–Conti）就坐落于勃艮第地区。

地方特色菜肴

勃艮第风味蜗牛
生长于勃艮第的蜗牛是吃葡萄叶长大的，味道特别鲜美。在蜗牛中塞入大蒜和香芹黄油后烤制而成。

红酒煮荷包蛋
这道菜口味酸甜、浓郁。此外还有红酒煮牛肉、红酒煮猪肉等以红葡萄酒为原料的菜肴。

香芹火腿
主要原料是香芹和火腿。将香芹和火腿冷却、凝固后制成蔬菜肉冻。

位于里昂中心区的圣让首席大教堂

优质葡萄酒的产地

里昂与波尔多一样是法国非常具有代表性的葡萄酒产地，这里出产的博若莱新酒非常有名。里昂不仅盛产浓郁香醇的红葡萄酒，同时还制造各种不同种类的葡萄酒。

在街上贩卖的热红酒，里面加有蜂蜜和肉桂粉。

美食家的天堂 汇聚了各种鲜美食材的地方

勃艮第位于法国北部，罗讷—阿尔卑斯大区则在法国的南部。勃艮第作为著名的葡萄酒产地已经广为人知，位于罗讷—阿尔卑斯大区的里昂也是非常著名的美食之都。

勃艮第作为著名的葡萄酒产地，有大片的葡萄田，因此以葡萄叶为食的勃艮第蜗牛和红葡萄酒，是当地比较常见的食材。位于勃艮第东部的第戎盛产芥末，这里的芥末产量占法国国内芥末总产量的一半以上。第戎芥末的特殊风味是由高级的芥末子加上当地葡萄酒发酵调制而成，通常有颗粒状和糊状两种。除了芥末以外，用来装芥末的陶瓷瓶也可以当成艺术品收藏。

罗讷—阿尔卑斯地区的菜肴则多以肝、香肠、牛肚等牛或猪的内脏为原材料。这里拥有法国当之无愧的美食之都——里昂，有机会的话一定要尝尝里昂的炒牛肚。

甜菜胡萝卜块根芹沙拉

法国餐馆的经典沙拉

甜菜沙拉

胡萝卜沙拉

块根芹沙拉

甜菜胡萝卜块根芹沙拉

材料（4人份）

制作甜菜沙拉的材料

甜菜	1棵（200g）
蛋黄酱	3勺（大、从下面制作好的蛋黄酱中取）
盐、胡椒	各适量

制作蛋黄酱的材料

蛋黄	1个
白葡萄酒醋	2勺（小）
芥末	1勺（大）
色拉油	100ml
盐、胡椒	各适量

制作胡萝卜沙拉的材料

胡萝卜	120g
橙子	1/2个（100g）
葡萄干	1勺（大）
橙子榨汁	1勺（大）
柠檬榨汁	2勺（小）
橄榄油	1勺（大）
盐、胡椒	各适量

制作块根芹沙拉的材料

块根芹	120g
柠檬榨汁	2勺（小）
蛋黄酱	2勺（大、从上面制作好的取出）
淡奶油	1勺（大）
切丁的香草（香芹、九层塔、莳萝）	1勺（小）
盐、胡椒	各适量

装饰材料

薄荷	适量

要点
将甜菜整个带皮煮

所需时间	难易度
170 分钟	★ ★ ★

01 锅中添入水后，将洗干净的甜菜放入锅中煮2分钟左右。
※如果没有新鲜的甜菜也可以用罐装的甜菜。

02 制作蛋黄酱。将抹布拧成环形垫在碗下面以防碗滑动。

03 将蛋黄、芥末、盐、胡椒、一勺白葡萄酒醋加入碗中，用打蛋器搅拌均匀。

04 搅拌均匀后一边将色拉油慢慢倒入碗中一边搅拌。

05 将剩下的一勺白葡萄酒醋慢慢倒入碗中，最后加入盐和胡椒调味。

06 01中的甜菜煮到用竹签能一下扎透时，将其捞出并放置冷却。擦干甜菜表面的水分，用刀削掉甜菜皮。

07 将甜菜切成8mm左右的小块。

08 从05中的蛋黄酱中取出三大勺加入其中，最后加入盐和胡椒调味。

09 制作胡萝卜沙拉。将葡萄干用温水泡软后取出。

10 将橙子去皮（外面那层薄膜也要去掉）。将每瓣橙子竖切成两半后，将其切成8mm左右的小块。

11 把胡萝卜用擦丝板擦成细丝。者用刀切也可以。

12 把胡萝卜丝装入托盘里，向里面撒适量盐并搅拌均匀后放置一段时间，使之软化。

17 制作块根芹沙拉。厚厚削去块根芹的表皮。

22 将2大勺05中的蛋黄酱倒入碗中并搅拌均匀。

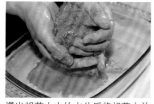

13 攥出胡萝卜中的水分后将胡萝卜放入碗里。
※如果不将水分攥出，会降低胡萝卜的口感。

18 把块根芹用擦丝板擦成细丝。用刀切也可以。

23 加入切成丁的香草并搅拌，最后加入适量的盐和胡椒调味。

14 在另一个碗中加入柠檬汁、橙子汁、橄榄油、少许的盐和胡椒，用打蛋器搅拌均匀。

19 将适量盐和柠檬汁加入其中并搅拌均匀，使之软化。

24 将08的甜菜沙拉、16的胡萝卜沙拉、23的块根芹沙拉盛在盘子里，最后摆上薄荷即可。

15 将10中切好的橙子倒入装胡萝卜的碗中。

20 变软后两手用力攥出其中的水分。

错误 ✕
甜菜褪色了

如果把甜菜切开后再放入锅中煮，会让甜菜的色素流失，最后导致甜菜颜色变淡。为了保持甜菜本身鲜艳的颜色，一定要整个带皮煮。

16 将控干水分的葡萄干倒入碗中，一边尝味道一边加入适量的14进行调味。

21 将块根芹丝装入碗中后，将淡奶油倒入其中。

切开后再煮会使甜菜褪色。

法国葡萄酒

法国拥有众多著名的葡萄酒产地

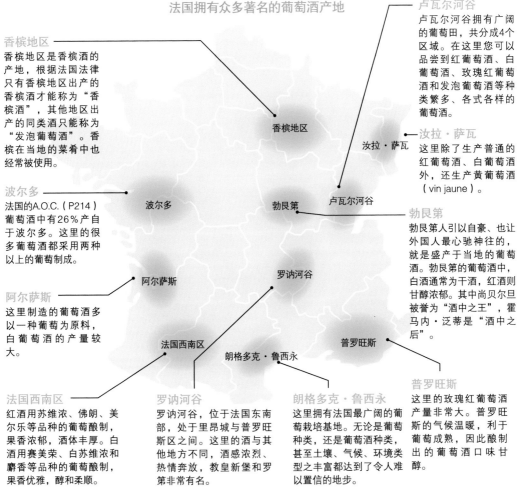

卢瓦尔河谷
卢瓦尔河谷拥有广阔的葡萄田，共分成4个区域。在这里您可以品尝到红葡萄酒、白葡萄酒、玫瑰红葡萄酒和发泡葡萄酒等种类繁多、各式各样的葡萄酒。

香槟地区
香槟地区是香槟酒的产地，根据法国法律只有香槟地区出产的香槟酒才能称为"香槟酒"，其他地区出产的同类酒只能称为"发泡葡萄酒"。香槟在当地的菜肴中也经常被使用。

波尔多
法国的A.O.C.（P214）葡萄酒中有26％产自于波尔多。这里的很多葡萄酒都采用两种以上的葡萄制成。

阿尔萨斯
这里制造的葡萄酒多以一种葡萄为原料，白葡萄酒的产量较大。

汝拉·萨瓦
这里除了生产普通的红葡萄酒、白葡萄酒外，还生产黄葡萄酒（vin jaune）。

勃艮第
勃艮第人引以自豪、也让外国人最心驰神往的，就是盛产于当地的葡萄酒。勃艮第的葡萄酒中，白酒通常为干酒，红酒则甘醇浓郁。其中尚贝尔旦被誉为"酒中之王"，霍马内·泛蒂是"酒中之后"。

法国西南区
红酒用苏维浓、佛朗、美尔乐等品种的葡萄酿制，果香浓郁，酒体丰厚。白酒用赛美荣、白苏维浓和麝香等品种的葡萄酿制，果香优雅，醇和柔顺。

罗讷河谷
罗讷河谷，位于法国东南部，处于里昂域与普罗旺斯之间。这里的酒与其他地方不同，酒感浓烈、热情奔放，教皇新堡和罗第非常有名。

朗格多克·鲁西永
这里拥有法国最广阔的葡萄栽培基地。无论是葡萄种类，还是葡萄酒种类，甚至土壤、气候、环境类型之丰富都达到了令人难以置信的地步。

普罗旺斯
这里的玫瑰红葡萄酒产量非常大。普罗旺斯的气候温暖，利于葡萄成熟，因此酿制出的葡萄酒口味甘醇。

法国对每个产区的葡萄酒都有着严格的规定

　　法国全国的气候和土壤都非常适宜葡萄的栽培。除了大家所熟知的波尔多、勃艮第等著名葡萄酒产区外，法国各个地区都生产非常具有地方特色的葡萄酒。

　　法国根据A.O.C.（P214）这种品质保证制度对各地生产的葡萄酒进行严格的管理。例如只有符合在指定的地区，使用指定品种的葡萄酿制等诸多条件的葡萄酒才能得到"A.O.C.葡萄酒"称号。

　　一般来说，烹饪肉类时使用常温的红葡萄酒比较合适，制作海鲜类菜肴时使用冰的白葡萄酒比较适宜。但是清淡的红葡萄酒冷却之后也可以代替冰白葡萄酒，在制作鸡肉等只需加盐和胡椒调味的比较清淡的肉类菜肴时也可以使用白葡萄酒。总之，无须顾虑太多，只要做出来的菜肴符合自己的胃口就可以了。

希腊风味腌蔬菜

将色彩鲜艳的蔬菜搭配在一起，非常赏心悦目的一道菜

希腊风味腌蔬菜

材料（2人份）

小洋葱…………………4个（160g）
花椰菜……………………150g
西葫芦……………1/2个（75g）
蘑菇………………4个（30g）
小番茄………………6个（60g）
甜豆………………8根（40g）
大蒜………………………1瓣
香菜籽…………………20颗
葡萄干………………1勺（大）
白葡萄酒…………………75ml
柠檬榨汁……………1勺（大）
橄榄油………………2勺（大）
EXV橄榄油…………1勺（大）
盐、胡椒………………各适量

要点

慢慢炒蔬菜，让蔬菜的味道都释放出来

所需时间	难易度
50 分钟	★★★

※不包含将小洋葱泡入水中的时间

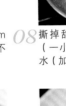

03 将西葫芦的根部切掉，切成4cm长后将每部分切成4条（长度不变）。

04 将切好的西葫芦刮圆。

08 撕掉甜豆两端，切去甜豆两端（一小段即可）。将甜豆放入沸水（加入1%的盐）中煮。

05 将胡萝卜也切成4cm长后将每部分切成4条（长度不变）。

09 将放入冰水中冷却后的甜豆放在干净的抹布上擦干。打开甜豆的豆荚，分成两部分。

01 先将花椰菜从大茎上掰下来，再掰成一个个的小块。
※将小洋葱带皮放入水中浸泡1分钟。

06 用刷子刷干净蘑菇表面的污垢并切掉根部。

10 切掉小番茄的根部，将其放入沸水中，煮到裂口后立即把小番茄放入冰水里。

02 将花椰菜抛入加了醋的水中，除去里面的杂质。

07 撕掉芹菜表皮较硬的部分后，将芹菜切成4cm长的小条并刮圆。

11 番茄冷却后放在干净的抹布上擦干，利用菜刀剥去番茄皮。

12 大蒜剥皮后切成两半，取出蒜芯。把蒜放在菜板下压碎。
※掌握好力度，不要把蒜压太碎。

13 剥去洋葱皮，切掉洋葱的两端，用刀在洋葱底部刻上十字。

18 向锅中加入适量盐和胡椒，盖上锅盖煮。

23 加入剩下的柠檬汁、盐和胡椒调味。
※需要在冰箱里放置2～3天，食用前最好先取出来放置一段时间使之恢复到室温。

14 将橄榄油和大蒜倒入煎锅中并加热，稍后放入小洋葱。

19 煮好后将菜盛入大盘子中，加入2/3大勺柠檬汁和EXV橄榄油。

24 将小洋葱切成两半后装入盘中。

15 将芹菜、花椰菜、胡萝卜和蘑菇也倒入锅中，用中火炒。

20 最后将容易碎掉的小番茄放入盘中并搅拌。搅拌时使用橡胶锅铲并注意不要破坏蔬菜的形状。将菜放置一段时间，使菜更入味。

25 不要破坏蔬菜的形状，将蔬菜色彩均匀地盛好，最后浇上汤汁即可。

16 蔬菜稍微炒软后将香菜子和葡萄干倒入锅中。

21 将盘子中的菜聚到一边，在空下的地方摆上甜豆。

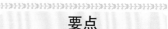

要点

不要破坏蔬菜的形状

为了在不破坏蔬菜形状的前提下使菜入味，可以把汤汁浇到菜上面。用汤匙一点点浇上汤汁，不用搅拌也可以使味道更均匀。

17 将白葡萄酒倒入锅中，使锅底的精华能够发挥出来。

22 让甜豆入味。
※搅拌容易破坏蔬菜的形状，可以将蔬菜翻几次使味道更均匀。

将盘子倾斜，汤汁就会流到一边。

法式西餐的烹饪方法　煮篇

煮的方式可以根据不同的需求进行选择

煨 盖上锅盖用文火煨		使材料的1/3左右浸入水中，盖上锅盖煮沸。用文火慢慢煨炖。
白水煮 把材料放在充足的水中煮		锅中倒入足够多的水，加热后放入材料。水也可以用汤汁、糖浆等来代替。煮完后的汤汁可以当汤喝。
油水煮 把材料放入高汤中煮		把材料放入高汤中慢慢炖煮，炖肉时经常采用这种烹饪方法。这种方法多用于烹制肩胛肉、肋骨肉等比较难煮的肉。

煮东西的汤最后可以当做沙司使用

　　"煮"这种烹饪方法有很多具体的操作方法，根据不同的需求选择适当的方法。原料经煎炒后再放入锅内炖煮时汤汁一般呈深色，相反，原料不经过处理直接炖煮时汤汁一般呈淡色。采用"白水煮"这种烹饪方法时根据原料选择高温煮或低温煮。

　　法式西餐中必不可少的就是沙司。沙司主要是由煮东西的汤汁熬制而成，如何熬出汤汁的精华是制作沙司的重点。锅中不要添过多的水，正好覆盖原料就可以了，盖上锅盖用小火慢慢熬制。

绿鳍鱼配热柑橘沙司

果味醇香的热柑橘沙司是这道菜的重点

绿鳍鱼配热柑橘沙司

材料（2人份）

绿鳍鱼	1条（350g）
扇贝贝柱	4个（120g）
葡萄柚	1个（300g）
橙子	1个（200g）
莳萝	适量
EXV橄榄油	适量
盐、胡椒	各适量

制作柑橘沙司的材料

洋葱	1/4个
芹菜	30g
西班牙红椒	30g
黄瓜	1/2根（50g）
生姜	1/4片
味美思酒（或白葡萄酒）	50ml
清汤（参照P70）	75ml
柑橘类榨汁	75ml
水溶性淀粉	适量
橄榄油	1勺（大）
EXV橄榄油	1勺（小）
盐、胡椒	适量

装饰材料

莳萝	适量

要点
去鱼头时刀要斜着切

所需时间	难易度
*90*分钟	★★★

02 将01中的葡萄柚汁和橙汁倒在一起。

07 从背鳍处下刀，沿着中间的鱼骨片掉上面的鱼肉。翻过鱼身重复同样的动作。

03 将生姜切丁，洋葱、芹菜、西班牙红椒、黄瓜切成3mm左右的小块。

08 鱼被分成了上身、下身和中骨三部分。

04 将贝柱肉片成两半。

09 用鱼肉去刺器拔掉剩下的小刺。
※鱼刺是从头到尾排列着的，因此拔刺时从接近鱼头的部分开始依次拔出。

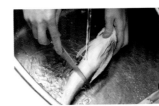

05 收拾绿鳍鱼。一边冲洗鱼身一边用刀刮去鱼鳞，刮干净后控一下水。

10 一手拿刀，一手拽住鱼皮慢慢片掉鱼皮。

01 分别剥掉葡萄柚、橙子的表皮和里面的薄皮。取出里面果肉，用力挤出皮中的果汁，将挤出的果汁放好。

06 把刀从鱼鳃后面斜切进去，翻过身重复同样的动作，将鱼头切下来。

11 将去皮的绿鳍鱼切成3mm宽的薄片。
※使用刀刃薄且锋利的刀，切的时候来回滑动着切。

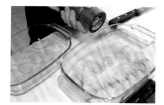

12 将扇贝和绿鳍鱼分别放在两个大盘子里并均匀地撒上少许盐和胡椒。

17 洋葱炒至透明时再把芹菜和西班牙红椒倒入锅中翻炒。将味美思酒倒入锅中。

22 将19中过滤出来的菜和21的盘子中剩下的汤汁倒入锅中并加热。煮沸后加入化开的玉米粉来增加浓度。

13 把扇贝和绿鳍鱼片上下都涂上EXV橄榄油。

18 待酒精挥发后将清汤和02中的75ml倒入锅中。煮沸后将火关掉，加入少许胡椒和盐后搅拌一下。

23 把黄瓜和橄榄油倒入锅中。加入适量的盐和胡椒调味，煮到达到一定的浓度即可。

14 把莳萝用厨房用剪刀剪碎后撒在扇贝和绿鳍鱼上，把扇贝和绿鳍鱼腌制一段时间。

19 将18用网筛过滤浇到到14中的扇贝和绿鳍鱼上，汤汁刚好能盖住里面的扇贝和绿鳍鱼即可，放置2~3分钟。

24 把柑橘沙司盛到21的盘子中，最后摆上莳萝即可。

15 制作柑橘沙司。锅中放入橄榄油和生姜并加热。

20 在装盘之前将扇贝切成两半。

要点

剔除鱼的中骨

剔除鱼骨时不要垂直插进去，要沿着鱼骨慢慢变换角度去剔，这样剔除的鱼骨就不会带有太多的肉。

16 生姜爆香后将洋葱倒入锅中翻炒。

21 用两根竹签将19中的绿鳍鱼、01中的橙子、20中的扇贝、01中的葡萄柚按顺序摆好。

刀要沿着鱼骨滑动。

被称为"汤的原点"的清汤

作为汤底经常被使用、味道清淡

清汤

材料（约1L份）

牛大腿肉 …………… 300g	大蒜 …………… 1瓣
鸡骨架… 4只份（400g）	白葡萄酒 ………… 100ml
水 ………………… 3L	丁香 …………… 1个
洋葱 …………… 150g	百里香 …………… 1枝
胡萝卜 ………… 100g	月桂叶 …………… 1枚
芹菜 …………… 50g	白胡椒粒 ………… 3粒
番茄 …………… 120g	

❶锅中添水，将去除油脂的牛大腿肉和鸡骨架放入锅中，用大火加热。

❷煮沸后改成小火，撇出上面的浮沫。

❸将洋葱竖切成两半，将丁香插入其中。将准备好的洋葱、胡萝卜、芹菜放入锅中。

❹将切掉根部并切成两半的番茄、去芯后切成两半的大蒜、白葡萄酒、百里香、月桂叶、白胡椒粒加入锅中，小火煮4分钟左右。

❺在过滤容器中铺上厨房用纸后慢慢过滤汤汁。

注意！

慢慢过滤汤汁

为了获得澄清澈的清汤，过滤时慢慢注入汤汁。最好使用网眼较细的过滤容器，并在上面铺上厨房用吸水纸或干净的抹布。

法式西餐中不可或缺的清汤的使用方法

清汤与高汤一样是法式西餐中最不可缺少的基础汤之一。清汤是指用带骨肉、蔬菜熬制出的汤汁。制作清汤的烹饪方法和牛肉蔬菜浓汤的方法几乎一样，只有煮出来的汤汁被称为"清汤"，它常被用做基础汤来烹饪其他菜肴。

清汤本来可以分为以牛肉为原料的牛肉清汤和以鸡肉为原料的鸡肉清汤两种类型。在本书中

为了方便大家学习，清汤是采用鸡骨架和牛大腿肉两种主要原料制成的。此外只以蔬菜为原料的葡萄酒奶油汤也是清汤的一种，它能够消除食物的腥味或异味。

我们可以在市场上买到方便包装的清汤，制作时也可以用它来代替，如果在买来的清汤中再加入葱等香辛蔬菜或香草，会使清汤更美味。

Œufs brouillés basquais

巴斯克风味炒鸡蛋

香软的炒蛋和番茄的绝妙搭配

巴斯克风味炒鸡蛋

材料（2人份）

鸡蛋	4枚
淡奶油	40ml
黄油	15g
盐、胡椒	各适量
法棍	1/4个
生火腿	2片

制作番茄炒甜椒的材料

生火腿	1片
洋葱	1/2个（100g）
柿子椒	1/2个（20g）
西班牙红椒	20g
番茄	1个（小，100g）
番茄酱	2/3勺（大）
大蒜	1/2瓣
清汤（参照P70）	50ml
橄榄油	1勺（大）
盐、胡椒	各适量

装饰材料

香芹	适量

要点

烹饪鸡蛋时要用小火

所需时间	难易度
40 分钟	★★★

02 将番茄横切成两半，用汤匙挖出番茄子。番茄切片后再切成8mm见方的小块。

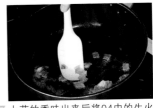

07 大蒜的香味出来后将04中的生火腿放入锅中轻炒。

03 切掉柿子椒和西班牙红椒的根部，再将里面的籽整个取出。

08 生火腿变色后将洋葱倒入锅中，炒到轻微变色即可。

04 将生火腿切成1cm见方的小块。

09 将柿子椒和西班牙红椒倒入锅中炒软。炒的时候尽量将这些蔬菜分散开以便于水分蒸发。

05 将03中的柿子椒和西班牙红椒、洋葱切成8mm左右的小块。
※把大蒜去芯后压碎。

10 锅中的蔬菜炒至金黄色并能闻到甜味时将番茄倒入锅中并轻轻搅拌。

01 制作番茄炒甜椒。切掉番茄的根部，用叉子插住后放到火上烤。将烤裂口的番茄放入冰水中冷却，用刀从裂口处剥去番茄皮。

06 在煎锅中放入大蒜和橄榄油并用小火加热。
※将煎锅倾斜放置防止大蒜糊掉。

11 向锅中加入番茄酱、清汤、少量盐和胡椒并搅拌。

12 盖上锅盖后用小火煮10分钟。煮好后加入适量的盐和胡椒调味。

17 尝一下味道，如果太淡的话再加适量的盐和胡椒调味。

22 把21用勺子盛入盘子中的专用模型里。用勺子底在中间弄一个小坑。

13 将法棍竖切成薄片，再将薄片两等分。把面包放入烤面包机中烤2~3分钟。

18 在锅中加入黄油并用小火加热，将鸡蛋（少许）倒入锅中也不会凝固。在黄油起泡前关掉火，用余温将黄油溶化。

23 将12中的番茄炒甜椒盛在上面，并用勺子将形状弄整齐。

14 用生火腿包住面包。

19 黄油溶化后用小火给锅加热并将鸡蛋倒入锅中。
※如果火太大，会使鸡蛋凝固，所以一定要用小火加热。

24 拔下专用模型，将香芹摆在上面，最后在旁边放上14中的面包即可。

15 打鸡蛋壳时注意不要让壳掉进去，一个个打。向打好的鸡蛋里加入少许盐和胡椒。

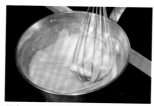

20 用打蛋器搅拌锅中的鸡蛋，防止鸡蛋凝固。不时用橡胶锅铲翻动锅底和锅边的鸡蛋。

错误 ✕
鸡蛋凝固了

锅的余温也可以使鸡蛋凝固。将盘子事先准备好，当鸡蛋达到半熟的状态时立即将鸡蛋盛出。如果使用大火加热的话鸡蛋会变成一块一块的，所以一定要用小火加热。

16 加入淡奶油后用打蛋器搅拌使盐溶化并搅拌均匀。

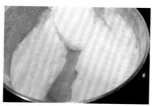

21 当鸡蛋达到上图这样的状态，用锅铲推一下可以看到锅底的半熟状态就可以了。

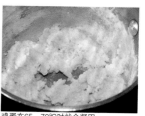

鸡蛋在65~70℃时就会凝固。

法国西南部的特色

这里汇集了各式各样丰富的美食、从朴素的家庭菜肴到非常高级的菜肴都可以在这里品尝到

当地特色菜肴

波尔多风味牛排

波尔多风味牛排是波尔多的著名菜肴。将处理好的红葱头、芹菜、牛骨髓摆在牛排上，别具风味。

法国西南地区位于法国的最南部，紧邻地中海和大西洋。旧巴斯克地区位于最西端，与西班牙接壤。

法国什锦砂锅

这道菜是朗格多克地区的乡土菜肴。采用当地传统砂锅，由白扁豆与鹅、鸭、猪肉和羊肉炖制而成。

位于阿基本大区北部的佩里格市的风景。

采用当地高级食材制作的菜肴

佩里格是法国阿基坦大区多尔多涅省的一个镇，位于巴黎郊区。佩里格盛产松露和鹅肝酱，松露生长在橡树或榛树树根下面，是非常珍贵的食材，鹅肝酱制作的原材料是经过填喂的鸭或鹅的肝脏。在佩里格有许多以这两种高级食材为原料制成的菜肴。

鹅肝酱冻。口感像黄油一样润滑。

松露煎蛋卷。采用珍贵的松露制成的一道豪华美食。

"食物的宝库"——自然资源丰富、水分充足的法国西南地区

法国西南地区是指阿基坦大区、南部·比利牛斯大区、朗格多克·鲁西永大区等地区。这里多面临海，所以海产品比较丰富，气候温暖宜人，因此也比较适宜蔬菜和水果等农产品的种植，农业发达。

位于南部-比利牛斯大区中心部位的图卢兹盛产香肠、大蒜、紫罗兰糖等，以这些特产为原料制成的图卢兹风味炖牛肉、图卢兹风味浓汤等菜肴非常有名。

旧巴斯克地区位于阿基坦大区的最南端，横跨法国和西班牙两国。两国的人们聚居在这里，形成了既不同于法国也有别于西班牙的独特地域文化。这里盛产番茄、红柿子椒等红色食材，此外巴约讷风味高级火腿也非常有名。

Galette de sarrazin

可丽饼

用荞麦面做成的法式风味饼

可丽饼

材料（2人份）

荞麦·······················75g
鸡蛋·······················5g
水·························180ml
色拉油·················2勺（小）
盐··························一撮
黄油·························5g

制作饼馅的材料

菠菜·························50g
蘑菇·················2个（15g）
培根（块状）················40g
鸡蛋·······················2枚
格鲁耶尔奶酪················50g
肉豆蔻·······················少许
黄油························10g
盐、胡椒·····················适量

要点

慢慢将水倒入面粉中

所需时间	难易度
40分钟	★ ★ ★

※不包括醒面的时间

01 将荞麦粉和盐加入碗中后用手在面中央弄一个坑，把搅拌好的鸡蛋和色拉油倒在里面，用打蛋器轻轻搅拌。

02 一边将60ml的水慢慢倒入碗中一边搅拌，仔细搅拌5分钟左右，不要留面粉块。

03 将打蛋器从面粉中拿出时达到图片中的黏稠度就可以了。

04 将保鲜膜紧紧地裹在碗上后放入冰箱放置一晚。

05 制作饼馅。把格鲁耶尔奶酪切成2~3mm厚的薄片。

06 把培根切成4~5mm厚的薄片。

07 用刷子将蘑菇表面刷干净，将蘑菇根切掉。

08 把蘑菇切成5mm厚的薄片。

09 在菠菜的根部划上十字。把菠菜的根部插入装有清水的容器中放置一段时间，稍后将菠菜清洗干净。

10 把菠菜放入热水（加入1%的盐）中煮，放的时候先将根部放入锅中，煮到菠菜颜色变得更绿即可捞出。

11 菠菜变绿后用笊篱捞出，用扇子扇使菠菜冷却。

12 菠菜控干水分后切成4cm长。将肉蔻豆、少量盐和胡椒撒在上面，用手搅拌一下使味道分布均匀。

13 将5g黄油倒入煎锅中加热，黄油变成褐色后把切好的蘑菇摆入锅中，撒入少许的盐和胡椒。

18 拿起打蛋器后呈现出图片中的状态即可。

23 蛋清凝固后，将培根和蘑菇放在菠菜和奶酪上面。把少许盐和胡椒撒在鸡蛋上面。

14 煎至金黄色时将蘑菇翻个，两面都煎成金黄色时将蘑菇盛出。

19 加热锅中的黄油，用厨房用纸把黄油涂抹均匀。

24 盖上锅盖，将蛋黄煎到半熟。
※最好不时打开锅盖，擦去锅盖上面的水珠。

15 将5g黄油倒入煎锅中加热，黄油变成褐色后，把菠菜放入锅中快速炒一下就马上盛出。

20 用舀勺把一半的面糊倒入锅中，晃动煎锅使面糊流淌均匀。剩下的面糊稍后还可以再做一份。

25 鸡蛋煎至自己喜欢的状态时，用锅铲把饼的4边折上来，最后将其盛入盘中即可。

16 锅中不用放油，把培根煎至图片中的程度即可。

21 面糊凝固后将一半的菠菜和格鲁耶尔奶酪放在上面，摆成环形。

错误　✗

变成面疙瘩了

在往荞麦面里倒水时不要一下子就倒进去，这样和面时就容易产生面块。往面粉里加水时要一边观察面的状态一边慢慢倒，分几次完成。

17 把04中的面从冰箱中取出，一边将120ml的水慢慢倒入其中一边搅拌。

22 在21的中心位置放上鸡蛋，加热到蛋清凝固。
※周围的蔬菜像堤墙一样阻止了鸡蛋流出。

可以看到表面的面块。

布列塔尼地区的特色

以可丽饼的发祥地而闻名

当地特色菜肴

海鲜浓汤
以鱼类、虾、贻贝等新鲜海产品和蔬菜为原料，用醋和香草来调味的汤。

罗斯科夫　佩雷斯·基洛克　康卜勒
布雷斯特　圣马洛　迪南　福热尔
坎佩尔　　布列塔尼　雷恩
卡纳克　　瓦纳

布列塔尼位于法国的最西部，整个半岛向大西洋伸出，四周环海。

位于圣马洛地区的圣文森特大教堂

可丽饼
布列塔尼最具代表性的特色美食，有着非常久远的历史。

荞麦甜点

荞麦饼不仅可以当做主食，也可以与冰激凌、奶油、沙司等搭配作为甜点食用。

布列塔尼聚集着法国最多的港口城市

在圣马洛、康卜勒、布雷斯特等著名的休闲胜地，每天都可以吃到新鲜的龙虾、牡蛎、扇贝。

圣马洛的大龙虾一般都能超过60cm。

在这些港口城市的海边可以买到刚刚捕捞上的各种海鲜。

以丰富多样的海产品和可丽饼闻名的布列塔尼

　　布列塔尼位于英吉利海峡和比斯开湾之间，整个半岛向大西洋伸出。这里盛产龙虾、牡蛎、扇贝等多种海产品。此外，位于法国南海岸的盐田出产的盖朗德盐也非常有名。盖朗德因为有暖流经过，温和、多阳光、强风的气候环境适合产盐的需要，即使是在夏季也经常有强烈的东风，利于水分的蒸发。这里采用最传统的制盐方式，完全靠人工采盐。因为盛产盐，所以咸黄油也是

这里的特产。一般制作法式西餐时使用的黄油都是不加盐的，但在布列塔尼人们都习惯用咸黄油来制作菜肴和点心。

　　布列塔尼的可丽饼也非常有名。过去布列塔尼因为土质问题只能种植荞麦，所以这里的荞麦食品非常多，人们已经习惯把荞麦做的可丽饼作为主食或甜点来食用。现在布列塔尼也能种植小麦，所以人们也能吃到小麦粉做的可丽饼。

法式菠菜海鲜咸派

香脆酥软，浓缩海鲜精华

法式菠菜海鲜咸派

材料（1个21cm的派模或蛋糕模份量）

制作面饼的材料

蛋黄	1个
低筋面粉（低筋面粉）	150g
冷水	约2勺（大）
黄油	75g
盐	适量
打好的鸡蛋	适量
高筋面粉（高筋面粉）	适量

馅的材料

草虾	5只（100g）
扇贝贝柱	3个（100g）
菠菜	100g
大蒜	1瓣
白兰地	2勺（小）
白葡萄酒	40ml
黄油	10g
盐、胡椒	各适量

制作蛋奶液的材料

鸡蛋	1枚
蛋黄	1个
淡奶油	125ml
辣椒粉	少许
盐、胡椒	各适量

要点
用鸡蛋把面饼中的孔填满

所需时间	难易度
*100*分钟	★★★

01 制作面饼。
※做之前把需要用到的材料和食物处理器放到冰箱里冷却。

02 把低筋面粉、黄油、盐加入食物处理器中搅拌至糊状。

03 把02倒在面板上并聚集成山状，在中间弄一个坑。将冷水和蛋黄倒入，注意不要让蛋黄溢到坑外。

04 用厨用卡片搅拌面粉，手用力压面粉。可以将面粉分成两部分来分别操作，直到面和好为止。

05 面粉和至图中的状态，用手拿住也不会掉落即可。如果面很软，可以把面用保鲜膜包住后放到冰箱里，让面冷却、定型。

06 把从冰箱中取出的05放在撒了高筋面粉的面板上。

07 用擀面杖把面擀成四方形，厚度要均匀。

08 擀出的面饼要比派托大一些，厚度约为3mm左右。最后用刷子将面饼表面粘的面粉扫下去。

09 把面饼紧紧铺在派模里，不要留缝隙。

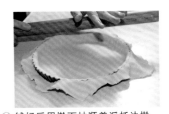

10 铺好后用擀面杖顺着派托边擀，将余出的面弄掉。

11 用叉子轻轻地插面饼，在面饼底部插孔。放入冰箱中冷藏20分钟左右。

12 将耐油纸铺在面饼上面，并剪成合适的形状。为了防止烤时面饼膨胀，要在上面放重物，接着将面饼放入180℃的烤箱中烤15分钟左右。

17 黄油变成褐色后，把菠菜倒入锅中轻炒，并快速盛出。

22 将分离出来的汤放入锅中，煮到剩下30ml左右即可。

13 15分钟后将耐油纸和重物去掉，再把面饼放入180℃的烤箱中烤10分钟左右。

18 草虾去壳，并用竹签挑去沙筋。

23 制作蛋奶液。将鸡蛋、蛋黄、淡奶油、辣椒粉、少许盐、胡椒、22中汤放入碗中搅拌均匀。

14 10分钟后，将打好的鸡蛋全部涂在面饼上，再放进烤箱烤3分钟左右。
※用鸡蛋把面饼中的孔填满。

19 将草虾和扇贝切成1cm左右的小块后，在上面撒上少许盐和胡椒。

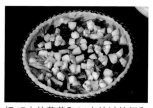

24 把17中的菠菜和21中炒过的虾和扇贝铺在14的面饼上。

15 制作馅料。把洗净的菠菜放入沸水（加入1%的盐）中过一下，之后放入冷水中冷却。将菠菜切成3cm长，撒上少许盐和胡椒后拌匀。

20 锅中放入5g黄油并加热，放入草虾和扇贝翻炒。扇贝炒至金黄色时，倒入白兰地和白葡萄酒。

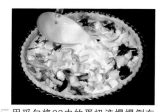
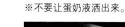

25 用舀勺将23中的蛋奶液慢慢倒在上面，倒到接近面饼边缘的高度即可。
※不要让蛋奶液洒出来。

16 将5g的黄油放入锅中加热，用叉子插住剥好皮的大蒜，一边用它搅拌黄油使之溶化，一边爆香。

21 酒精挥发后倒入网筛中过滤，将汤和菜分离。

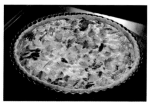

26 放入180℃的烤箱中烤20分钟左右，烤到表面变成金黄色，中间部位也熟透即可。

阿尔萨斯－洛林地区的特色

与德国文化交融并形成了自己独特的风格

当地特色菜肴

法式泡菜炖熏肉肠

这道菜是阿尔萨斯和洛林地区的乡土菜肴。用腌卷心菜（类似于中国的酸菜）和香肠煮炖而成。

巴尔勒迪克 ● ● ● ● 梅斯
南锡 ● ● 马勒海姆
里博维莱 ● 斯特拉斯堡
厄比纳尔 ● 奥贝奈
塔恩 ● 里克维莱
● ● 凯赛尔堡
牟罗兹 ● 科尔马

阿尔萨斯和洛林都与德国相邻。

阿尔萨斯炖肉

在当地传统的陶器中放入各种肉类、土豆、蔬菜，盖上盖子密封好后放在火上慢慢炖3～4个小时，这道菜就完成了。

斯特拉斯堡的著名景点——小法兰西区。

洛林乳蛋饼

洛林的特色菜肴。在面饼上铺上奶酪和培根烤制而成。

阿尔萨斯传统的陶器

索夫伦海姆村制作的是釉面陶，这种陶器主要用来烹制著名的阿尔萨斯炖肉和奶油圆蛋糕等各种非常具有当地特色的菜肴和甜点。

用这种传统陶器做出来的奶油圆蛋糕是当地著名的甜点。

与德国有着不解之缘的阿尔萨斯—洛林地区

阿尔萨斯—洛林地区位于法国东北部，过去都曾经是德国的领地，因此当地的语言和饮食文化都深受德国的影响。

阿尔萨斯盛产卷心菜，当地著名的菜肴有法式泡菜炖熏肉肠（P105）、阿尔萨斯炖肉（以牛肉、猪肉和羊肉为原料，再加入大葱、香料和土豆）等，在临近的德国和波兰也可以吃到这些阿尔萨斯著名的菜肴。除了食物外，这里采用单一品种的葡萄酿造的白葡萄酒也非常有名。

洛林在历史上也是非常有名的，著名的圣女贞德的故乡东雷米(Domrémy)村就坐落在这里。洛林地区的畜牧业非常发达，因此当地菜肴以肉类和肉类加工品为主。以猪肉为原料的菜肉浓汤（P202）和使用培根制成的洛林乳蛋饼就是当地非常具有代表性的菜肴。

Soufflé au fromage et à l'huître

奶酪牡蛎蛋奶酥配味美思酒沙司

香甜酥软，最好趁热吃

奶酪牡蛎蛋奶酥搭配味美思酒沙司

材料（4个直径8cm的蛋糕模的量）

牡蛎（去壳后）…………	6个（240g）
菠菜……………………	40g
蛋黄……………………	2个
格鲁耶尔奶酪…………	40g
蛋白……………	2枚鸡蛋的量
盐………………………	适量

制作味美思酒沙司的材料

红葱头（或洋葱）……	1个（15g）
鱼高汤（参照P184）…	200ml
味美思酒（或白葡萄酒）	50ml
淡奶油…………………	50ml
淡色奶酪面糊（参照P86）……	
	5g
藏红花…………………	少许
盐、胡椒………………	各适量

制作奶油沙司的材料

低筋面粉………………	12g
牛奶……………………	120ml
肉蔻豆…………………	少许
黄油……………………	12g
盐、胡椒………………	各适量

要点

烤到糕点高出蛋糕模，又松又软时就完成了

所需时间	难易度
*80*分钟	★ ★ ★

02 把洗净的菠菜放入沸水（加入1%的盐）中焯一下。控干水分后将菠菜切丁（大）。

03 红葱头去皮后切丁。

04 把面粉涂在牡蛎身上以除去牡蛎身上的污垢。将牡蛎用清水洗净后，放在干净的抹布上控水。

05 用擦丝器把格鲁耶尔奶酪擦成细丝。

01 在蛋糕托里面涂上常温下的黄油，涂好后放到冰箱冷藏。黄油凝固后再涂上一层黄油，并刷上一层低筋面粉。

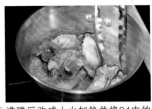

07 沸腾后改成小火加热并将04中的牡蛎倒入锅中。

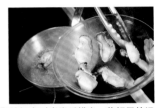

08 牡蛎煮到膨胀后捞出。将锅里的汤煮到剩下一半为止。

09 将牡蛎切成1cm的小块。

10 将淡奶油倒入08的锅中。放入少许胡椒和盐轻轻搅拌，最后将火关掉。

06 制作味美思酒沙司。在锅中放入03中的红葱头、味美思酒和鱼高汤，并加热。

11 将藏红花放入锅中稍稍煎一下，煎好后用手将其捻细。

12 用小火给10加热，倒入淡色奶酪面糊增加浓度。用网筛过滤使沙司更润滑。

17 将05中的格鲁耶尔奶酪和蛋黄倒入16中的奶油沙司中搅拌。

22 将21盛到01的蛋糕模中，盛满后用锅铲将表面弄平。

13 把11中的藏红花倒入沙司中。
※藏红花很珍贵，要倒干净。如果不经过11步的加工，藏红花的颜色和香味都会受影响。

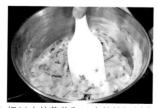

18 把02中的菠菜和09中的牡蛎倒进锅里，并用锅铲搅拌均匀。

23 用手指在面饼和蛋糕模之间弄出空隙，这样会使烤出来的蛋糕更松软。

14 制作奶油沙司。锅中倒入黄油并加热，倒入低筋面粉后搅拌。
※用小火仔细炒，不要留下面块。

19 将蛋白倒入碗中，加入少许盐，用打蛋器搅拌至起泡。
※注意如果碗里混有油或蛋黄等杂质就不容易起泡。

24 在托盘上铺上厨房用纸，将23摆在上面。往托盘中倒入一半的水后将其放入180℃的烤箱中，烤25分钟左右。

15 炒好后关火，倒入牛奶。用锅铲铲掉粘在锅底和锅边的面糊后，将牛奶和面糊搅拌均匀。

20 搅拌到图中的状态即可。

要点

怎样才能将蛋黄和面糊搅拌均匀

蛋黄遇到高温就会凝固，很难搅拌。在向锅中加入蛋黄时可以把蛋黄放在奶酪的上面，这样比较容易搅拌。

16 再次用中火加热并用打蛋器搅拌均匀。变浓稠后将肉蔻豆、少许盐和胡椒倒入锅中。

21 将18倒入里面并用锅铲搅拌，搅拌时为了不让气泡消失要尽量快。

奶酪可以有效防止蛋黄凝固。

制作沙司和调浓度时经常用到的奶酪面糊

奶酪面糊分淡色和褐色两种

淡色奶酪面糊

适用于制作各种沙司，经常用于勾芡。

褐色奶酪面糊

经常用于制作褐色肉汁等颜色较深的沙司，在煮东西时也经常用到。

淡色奶酪面糊的做法

材料	
低筋面粉	50g
黄油	50g

筛出50g的低筋面粉。锅中倒入黄油，黄油溶化后将火关掉，将低筋面粉倒入锅中。

用小火加热，用橡胶锅铲搅拌均匀。

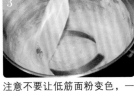

注意不要让低筋面粉变色，一边搅拌一边炒2~3分钟。

成图中的状态时就完成了。

制作褐色奶酪面粉

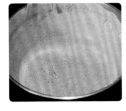

和制作白色面粉糊的过程几乎一样，只是炒的时间更长一些。将面粉炒至图片中的颜色即可。

注意不要炒成黑色。

保存

使用密闭容器保存。制作完成后稍微放置一段时间，使之冷却，再放到冰箱里保存，一般可以保存1个月左右。

面粉糊容易吸入其他东西的味道，所以一定要密闭好。

根据不同的菜肴正确使用奶酪面糊

奶酪面糊是由黄油和面粉以1∶1的比例炒成的。根据面粉炒的程度不同，可以将其分为淡色奶酪面糊和褐色奶酪面糊两种。在过去的经典菜肴中也曾经用过棕色的奶酪面糊，但现在人们已经不大使用了。在制作奶油沙司等淡色沙司时使用淡色奶酪面糊，在制作褐色肉汁等深色沙司时，使用褐色奶酪面糊，根据菜肴的需要选择使用哪种面粉糊。只要掌握了淡色奶酪面糊的做法，就可以轻易地做出褐色奶酪面糊。

将奶酪面糊装入密闭容器中，放入冰箱里保存，可以保存很长时间。放入冰箱中的面粉糊会凝固，所以使用时可以加入一些沸水，用打蛋器搅拌后再使用。

Tomates farcies à la Provençale

烙番茄塞肉

拥有可爱的外观，是一道非常受欢迎的前菜

烙番茄塞肉

材料（2人份）
番茄·····················2个（300g）
盐····························适量

馅的材料
羊羔肉·························100g
洋葱····························30g
大蒜··························1/4瓣
普罗旺斯香料（或百里香）···1/2勺
（小）
迷迭香叶·················1/4枝的量
橄榄油····················1/2勺（大）
黑胡椒·························少许
盐、胡椒······················各适量

制作茄肉酱的材料
茄子·················2根（小、140g）
洋葱····························25g
大蒜··························1/2瓣
银鱼酱····················1/2勺（小）
白葡萄酒·················1勺（大）
黑葡萄醋·······················50ml
百里香··························1枝
橄榄油····················2勺（大）
EXV橄榄油··············2勺（小）
盐、胡椒······················各适量

装饰材料
迷迭香···························适量

要点
炒到番茄的水分完全蒸发掉

所需时间	难易度
*50*分钟	★ ★ ★

02 用勺子挖出番茄瓤。
※因为要作为容器使用，挖的时候要小心不要挖漏。

07 洋葱剥皮后切丁。

03 把挖好的番茄和番茄的根部放在铺油厨房用纸的托盘上，在上面撒少许盐。

08 把迷迭香叶子摘下来，切成碎丁。

04 把02中挖出来的番茄瓤去籽后切成小块。

09 大蒜剥皮去芯后切丁。

05 制作内馅。去除羊羔肉的油脂后将肉切成小块。

10 把橄榄油、大蒜、普罗旺斯香料倒入锅中加热，炒香后将羊羔肉倒入锅中翻炒。

01 从根部1.5cm处切开番茄。

06 在切好的肉上面撒上一撮盐和黑胡椒，用手拌匀。

11 羊肉炒香后将洋葱倒入锅中，炒至金黄色。

12 把04中的番茄和08中的迷迭香倒入锅中，炒到番茄的水分完全蒸发掉。

17 将茄子皮朝上摆好，撒上少许盐和胡椒。把茄子放入180℃的烤箱中烤15分钟左右。

22 洋葱炒至金黄色时将白葡萄酒倒入锅中，待酒精挥发后将茄子也倒入锅中，炒到可以做出形状即可。

13 把炒好的12装入03的番茄中。将其放入200℃的烤箱中烤10分钟左右。

18 用竹签插茄子，能一下子插透时就可以把茄子从烤箱中拿出来了。

23 将黑葡萄醋倒入锅中加热，沸腾后改成小火加热，将醋煮到剩下10ml左右即可。煮好后将黑葡萄醋和EXV橄榄油搅拌在一起。

14 制作茄肉酱。切掉茄子尾部，竖切成两半后泡入水中去除杂质。

19 按住茄子皮，用刀背把瓤刮出来。

24 将13摆在盘子中央，把迷迭香插在上面。把22用两支汤匙弄成肉汤圆形（橄榄球形）后放在盘子周围，最后浇上23即可。

15 把剥了皮的洋葱和剥皮去芯的大蒜切丁。

20 把19中的茄子瓤切丁。

错误 ❌
番茄的底被弄破了

在挖番茄瓤时把番茄弄破了该怎么办？别担心，用切下来的番茄根部部分补上就可以了。

16 在烤盘上铺上烘焙垫。茄子控水后在上面涂上一大勺油，均匀地撒上百里香叶。

21 把大蒜和一大勺橄榄油倒入锅中并加热。炒出蒜香后再把洋葱和银鱼酱倒入锅中翻炒。

如果掌握不好力度就很容易把番茄弄破。

非常好用的大蒜橄榄油的做法

大蒜和橄榄油的黄金组合

大蒜橄榄油的做法

材料

橄榄油····················100ml
大蒜·························5瓣

将大蒜剥皮去芯后用菜板压碎并切丁。

把1中的大蒜和橄榄油装入密闭容器中并仔细搅拌。

还有这种油

香草油和辣椒油

香草油是由迷迭香、莳萝等各种香草切碎后与橄榄油混合在一起制成，香草的种类可以根据自己的喜好自由选择。辣椒油是把红辣椒泡入橄榄油中，等到辣椒的香气被橄榄油吸收后才可以使用。在炒菜和制作意大利面时经常可以用到。

保存

需要准备密闭容器

大蒜橄榄油冷藏的话可以保存2~3周。辣椒油和香草油可以冷藏保存2~3个月，放在阴暗处的话可以保存1~2个月。

适用于各种菜肴

在意大利面、意大利调味饭等意大利餐中经常被使用的橄榄油也是制作法式西餐时不可缺少的。把大蒜、香草等调味品提前浸泡在橄榄油中烹饪时就不需要再去切了，从而缩短了烹饪时间。

在制作大蒜面包时，只要把大蒜橄榄油涂在法棍上就可以了，非常方便。只要把酱油、盐、胡椒、醋等需要的调味品加入大蒜橄榄油中，简单方便的调味汁的制作就完成了。

保存时橄榄油通常要盖过大蒜，并装在密闭容器中。大蒜一接触到空气就比较容易腐烂,在每次使用后可以再倒入一些橄榄油。如果您希望能够保存更长时间，可以不把蒜切碎，把蒜切两半或整瓣蒜放进去，这样蒜不易腐烂。

无花果炸糕配炸鱼丝

松软的无花果炸糕搭配香酥炸鱼

无花果炸糕

炸鱼丝

无花果炸糕配炸鱼丝

材料（2人份）

半丁无花果	4个
蓝芝士	30g
植物油	适量

制作炸糕表皮的材料

蛋白	1个鸡蛋的量
蛋黄	1个
低筋面粉	50g
啤酒	50ml
低筋面粉、盐	适量

制作炸鱼丝的材料

黑鲷（黑加吉）或任一种白身鱼	100g
鸡蛋	1枚
水	少许
橄榄油	少许
低筋面粉、面包粉	适量
植物油	适量
盐、胡椒	各适量

制作番茄沙司的材料

培根	20g
番茄	2个（300g）
洋葱	30g
胡萝卜	25g
芹菜	10g
大蒜	1/4瓣
清汤（参照P70）	200ml
百里香	1枝
月桂叶	一片
色拉油	1勺（大）
黄油	5g
盐、胡椒	各适量

制作塔塔沙司的材料

酸黄瓜	8g
切碎的香芹	1勺（大）
切碎的洋葱	1勺（大）
蛋黄酱（参照P14）	3勺（大）
煮熟的鸡蛋	1/2个
盐、胡椒	各适量

装饰材料

香芹	适量

01 制作番茄沙司。将去皮的番茄、芹菜、胡萝卜、洋葱、培根切成1cm的小块。把剥皮后的大蒜用菜板压碎。

02 把色拉油和黄油放入锅中并加热，黄油起泡后将培根倒入锅中翻炒。

03 培根炒香后把大蒜、洋葱、胡萝卜、芹菜倒入锅中。

04 蔬菜炒软后将番茄、清汤、百里香、月桂叶、少许盐和胡椒倒入锅中，用小火煮40分钟左右。

05 煮好后用网筛过滤，过滤时可以用锅铲按压让汤汁过滤得更干净。

06 制作塔塔沙司。将酸黄瓜和煮鸡蛋切成小块。把切好的洋葱放到水里浸泡10分钟左右。

07 把蛋黄酱和酸黄瓜放入碗中，在上面撒上少许盐和胡椒。

08 将控水后的洋葱和切碎的香芹倒入碗中并搅拌均匀。

09 把半干的无花果泡在温水里，约30分钟后捞出。

10 控水后去掉无花果的根部，为了把蓝芝士塞进去需要把无花果切开。

15 将蛋清倒入13中。不要让蛋清中的起泡消失，用锅铲快速搅拌。

20 将鸡蛋、少许盐和胡椒、适量的水放入碗中后搅拌。接着一边慢慢倒入橄榄油一边搅拌均匀。

11 把蓝芝士切成2cm的小块后塞进无花果中，使无花果看起来圆圆的，用力捏紧切口处。

16 将11涂上低筋面粉，注意不要蘸太多，涂好后摆在托盘上。

21 搅拌均匀后将其用网筛过滤到托盘中。

12 制作炸糕表皮。把低筋面粉倒进碗中并在面粉中间做个坑，将蛋黄和盐倒入里面，接着一边慢慢倒入啤酒一边搅拌。

17 把16倒入面糊里，使其沾满面糊。

22 将低筋面粉涂在切好的黑鲷鱼上，涂好后抖下多余的面粉。

13 用打蛋器仔细搅拌，搅拌均匀后在上面包上保鲜膜，在室温下放置30分钟。

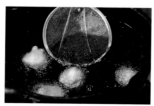

18 把面团放入180℃的热油中炸2～3分钟，炸成金黄色后将其捞出放在厨房用吸水纸上以除去多余油分。

23 把黑鲷鱼放入21中，让其沾满蛋液，之后在再裹上一层面包粉（过滤后的细面包粉）。

14 把蛋清倒在另一个碗里，用打蛋器搅拌至起泡。

19 制作炸鱼丝。将黑鲷鱼切成1cm的条状，在上面撒上少许盐和胡椒。

24 将黑鲷鱼放入180℃的热油中炸至小麦色。炸好后将其和控完油的18摆在盘子里，将两种沙司放在旁边，最后再放上香芹即可。

制作法式西餐的技巧和重点

法式西餐的用餐程序

法餐是按照什么顺序上菜的呢

1 餐前点心

餐前点心一般与开胃酒一起食用。常见的餐前点心有黄油面包、肉片等，餐前点心一般都切得很小，一口就可以吃掉。

3 汤

美味的法式汤类包括了浓浓的肉汤、清淡的蔬菜汤、鲜美的海鲜汤等各种汤类。

5 粗粒冰激凌

除了粗粒冰激凌外也可以是其他较清淡的甜品。在鱼和肉菜之间食用可以清除口中的异味，提高食欲。

7 奶酪

在比较正规的法式餐厅里，一般有10～20种的奶酪可供选择，个人可以根据自己的胃口选择2～3种，搭配面包或葡萄酒一起食用。

法式用餐顺序：
1 餐前点心
2 前菜
3 汤
4 鱼
5 粗粒冰激凌
6 肉
7 奶酪
8 甜点

2 前菜

前菜也可以称为开胃菜。前菜意味着就餐的开始，一般前菜都装饰得比较精致。前菜既有冷盘也有热盘。

4 鱼

这道菜也可以用蛙类或其他海鲜类代替，但最普遍的是鱼类菜肴。法式西餐采用的酱汁味道较浓，所以鱼肴中使用的鱼类大多是白身鱼。

6 肉

采用牛肉、鸭肉等肉类做成的主菜。有烤、煎、煮、炖等多种烹调方法。

8 甜点

饭后甜点可以是水果、果子露、蛋糕、蛋挞等各种甜品，通常与咖啡或红茶一起食用。

品尝法式西餐的基本程序

法式西餐的菜单根据餐厅水准的不同也不尽相同，较为标准的点餐程序一般为：餐前点心、前菜、汤、鱼、粗粒冰激凌、肉、奶酪、甜点，共8道程序。在法国的中世纪时代，就餐并不像现在这样复杂，当时的人们还是将所有的菜肴都摆在桌子上一起食用。后来为了使人们能够在最佳时间吃到刚做出的菜肴，就餐的顺序就慢慢演变成现在的形式。

此外，不得不提的是在吃法式西餐时一定要注意就餐礼仪。就餐时不要大声咀嚼，用刀叉时记住由最外侧的餐具开始，由外到内，餐具一旦拿在手上就不能再碰到餐桌；如果中间想休息，又不想拿走盘子，就应该将刀叉交叉放在盘子上，刀子在下，叉子在上呈"八"字形且叉齿向下。就餐结束后，刀叉平行斜放在盘子里。

第3章
主菜中的肉类菜肴

法式西餐的历史（18世纪～20世纪前半叶）

从宫廷到市井，法式西餐的变革时期

餐馆的出现

18世纪中叶，法国的一般百姓外出就餐只能够到食堂或简易的咖啡馆。当时有一种被称为"基尔特"的制度规定，咖啡馆不可以制作甜点以外的食品，所以当时的食堂和咖啡馆与现在的餐馆有很大的差别。1778年"基尔特"制度被废止后才出现了能够自由烹饪菜肴的餐馆。此后经过1789年的法国大革命，法国贵族阶级逐渐没落，那些失去职业的厨师们开始自己开办餐馆或到餐馆去工作，法国的餐饮业逐渐发展起来。

就餐程序的变化

18世纪时法国还没有形成现在的就餐程序，当时的人们甚至把十多道菜都摆在一张桌子上。但是慢慢地，人们发现这样做并不能品尝到菜肴的最佳味道，于是开始寻求改变。19世纪中叶在俄国当厨师长的尤尔邦·迪波万意识到了这一点并创造出新的就餐程序，之后作为俄国菜品的点餐程序逐渐被法国吸收过来。

主要事件

- 法国大革命
  （1789年）
- 维也纳会议
  （1814年）
- 德法战争
  （1870年）
- 巴黎万国博览会
  （1900年）
- 第一次世界大战
  （1914年）
- 世界经济危机
  （1929年）
- 第二次世界大战
  （1939年）

影响法式西餐历史的厨师们

安托南·卡莱姆

（1783–1833）法国大革命之后的名厨，是19世纪初最活跃的厨师之一。他曾是拿破仑的御厨，担任过英国乔治四世的首席厨师，也是沙皇亚历山大一世的御前厨师，为当时欧洲的许多帝王烹饪。他著有《19世纪的法式西餐》一书，此书被奉为法式西餐界的圣经。

奥古斯特·埃科菲

（1846–1935）他是世界著名的丽兹酒店的创始人之一，为酒店的餐厅创办了传统的烹饪风格。同时他也是著名的甜点：梅尔芭水蜜桃（Peche Melba）和其他许多菜点的发明者，这些菜点使法国美食享誉世界。当时的德国皇帝授予他"厨师之王"的称号。

费尔南·普安

他培养出了保罗·博古斯等许多著名法式西餐巨匠，被誉为现代法餐烹饪之父。费尔南·普安继承了埃科菲的思想，提倡简化法式西餐，对现代法式西餐影响颇深。费尔南·普安是老字号的金字塔餐厅的创办者。

Canard à Íorange avec gratin de pommes à la dauphinoise

橙子沙司鸭腿肉搭配
多菲内风味奶油土豆

带皮鸭肉搭配橙子风味沙司，非常爽口

橙子沙司鸭腿肉搭配多菲内风味奶油土豆

材料（4人份）

鸭胸脯肉……………… 一块（350g）
色拉油……………………… 1/2勺
黄油…………………………… 3g
盐、胡椒…………………… 各适量

制作橙皮糖浆的材料

橙子……………………… 1个（200g）
水………………………………… 50ml
砂糖…………………………… 1勺（大）

制作多菲内风味奶油土豆的材料

土豆…………………………… 150g
大蒜………………………………… 1瓣
淡奶油……………………… 120ml
牛奶……………………………… 80ml
肉蔻豆……………………………… 少许
盐、胡椒…………………… 各适量

制作橙子风味沙司的材料

橙子榨汁…………………… 100ml
小牛汁（参照P30）……… 200ml
    ┌ 红葡萄酒醋……… 1勺（大）
A │ 白兰地…………… 2勺（小）
    └ 苦橙酒…………… 4勺（小）
砂糖………………………… 2勺（小）
水…………………………… 2勺（小）
水溶性淀粉………………………… 适量
黄油…………………………………… 5g
盐、胡椒…………………… 各适量

装饰材料

水芹…………………………………… 适量
橙子果肉……………………………… 适量

要点
鸭肉从冰箱拿出来后放置一段时间直到恢复至室温

所需时间	难易度
70分钟	★★★

01 先把橙皮切成细丝。制作橙皮糖浆。
※摘掉橙皮上的白丝后再切。

02 将包裹着果肉的果皮剥掉后取出果肉，果肉可以在最后装盘时使用。剩下的芯的部分可以用来榨汁，在制作橙子沙司时使用。

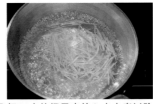

03 把01中的橙子皮放入水中煮以除去橙子皮的苦味，等水沸腾后关掉火，把水换掉再煮一遍。

04 将橙皮、水和砂糖倒入锅中煮。将橙皮煮成透明色，水快干时把火关掉。

05 制作制作多菲内风味奶油土豆。将土豆切成4块后再切成薄片。把土豆片装到碗里，在上面撒上少许盐并搅拌均匀。

06 把淡奶油、牛奶、肉蔻豆、少许盐和胡椒倒入另一个碗中。

07 用打蛋器把所有的材料搅拌均匀。

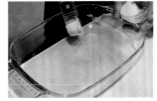

08 大蒜剥皮后切成两半，将蒜汁擦到大盘子上面。之后再在盘子表面涂上一层黄油。

09 用力攥土豆片，以除去里面的水分，之后将土豆片铺在大盘子里。

10 将07的液体倒入其中。
※为了让土豆片能够浸透更彻底，可以用锅铲轻轻翻动土豆片。

11 把10放入180℃的烤箱中烤25分钟左右。

16 制作橙子风味沙司。锅中放入水和砂糖并用大火加热，煮至焦糖色时把A倒入锅中。

21 11烤成金黄色时把它从烤箱中取出。用自己喜欢的模型取出奶油土豆，用小锅铲托着底将其盛到盘子里。

12 切掉（恢复到室温的）鸭胸脯肉上多余的油脂和血筋，在鸭皮上划几刀。在鸭皮上撒上1/4勺盐，鸭肉每面撒上少许盐。

17 待酒精挥发后将橙汁和小牛汁倒入锅中。沸腾后改成小火加热，煮到剩下2/3的量即可。

22 把15的鸭肉切成5mm宽的薄片。
※鸭肉比较硬，不要切得太厚。

13 把色拉油和黄油倒入锅中并加热，把鸭皮一面煎成5分熟，肉煎成3分熟。也可以用烤箱烤。

18 将黄油、少许盐和胡椒放入锅中并搅拌。把化好的玉米粉倒入锅中以增加浓度。

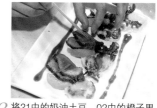

23 将21中的奶油土豆、02中的橙子果肉、22中的鸭肉摆到盘子里，在鸭肉上浇上04，在盘子周围倒上20中的沙司，最后摆上水芹即可。

14 用手指按一下鸭肉，如果很有弹性的话就可以取出了。
※如果鸭肉很柔软说明还需要再煎一会。

19 把15中流出的鸭肉肉汁倒进18的锅中并搅拌，加热到沸腾。

要点

一定要把鸭肉的温度恢复到室温

如果肉是冷的话，肉中间就不容易熟。此外肉煎好后放置一段时间，放置时间差不多同煎鸭肉时间相等，这样表面的热度就可以传到中间，使中间的肉熟得更好一些。

15 把鸭肉鸭皮朝上放置在煎锅温度在40~60℃的地方，放置时间差不多同煎鸭肉时间相等，使肉汁沉淀在里面。

20 把煮好的汤汁用网筛过滤，过滤时可用锅铲按压。
※使用网眼较细的过滤器材可以使沙司更加顺滑。

放在室温下时鸭皮朝上放置。

99

TPO（亚太城市旅游振兴机构）建议的餐厅选择方法

根据餐厅的名字来判断预算和食物的种类

高级

高级餐厅（gastronomie）

店内装潢精美，需要预约的高级餐厅。就餐时需要穿正装。其中有很多店都被《米其林指南》（Michelin Guide）评为三星。

餐厅（restaurant）

餐厅虽然没有像高级餐厅那样正式，但最好也要着正装，预约后再前往。餐厅一般不全天营业，只在午餐和晚餐时间开放。

小饭馆（bistrot）

虽然是小饭馆，但其中也有只有穿着正装才能就餐的高级饭馆，一般价格比较适中。小饭馆中有很多是以当地特色菜肴为主。

啤酒屋（brasserie）

无须预约就可以就餐的休闲餐厅。"brasserie"在法语里就是"啤酒工厂"的意思。在这里，点一道菜和一杯饮品也是可以的。

茶坊（Salon de the）

比一般的咖啡馆更安静、高级。其中有很多是全天营业，无须预约。茶坊多以蛋糕、蛋挞等甜品为主。

咖啡馆（café）

这里主要提供饮料、三明治等简易食品。这里的甜品种类丰富，非常适合喝喝下午茶，享受休闲的时光。

一般

如果不知道如何选择的话

可以参考《米其林指南》（P152）上对餐厅评价的星级或美国的《Zagat Survey》等对餐厅评级的餐厅指南书。

罗讷·阿尔卑斯大区的里昂市内的餐厅。店名上写着"bistrot"的字样，是一家小饭馆。

可以分级的餐馆

很多人认为法国餐厅一定非常昂贵所以都敬而远之。但是在法国，透过餐馆的名字就可以判断这个餐馆是需要穿正装、要提前预约的高级餐厅还是一般的普通餐馆。如果餐厅的名字上带有"gastronomie"或"restaurant"，说明这是一家比较高级的餐厅，需要着正装和预约，名字上带有"bistrot"或"brasserie"的餐馆则通常不需要这些程序，直接就餐就可以。

法国餐馆不仅名字不同，服务也各有差别。可能这家餐馆的矿泉水、黄油、面包都是免费的，而到了另一家就需要付钱了，作者之前就碰到过这样的事情，所以最好提前问清楚。

Paupiette de poulet à la julienne de légumes sauce suprême

奶油浓鸡汁鸡肉卷

两种沙司的搭配使菜肴更美味

奶油浓鸡汁鸡肉卷

材料（2人份）

鸡胸肉	2大块（400g）
清汤（参照P70）	1000ml
百里香	1枝
月桂叶	1片
盐、胡椒	各适量

制作蔬菜馅的材料

洋葱	80g
胡萝卜	50g
生菜	2片（40g）
蘑菇	2个（15g）
蛋黄	1个
清汤	50ml
淡奶油	2勺（大）
黄油	15g
盐、胡椒	各适量

制作奶油浓鸡汁沙司的材料

淡奶油	5勺（大）
清汤	150ml（从上一步提取）
水溶性淀粉	适量
咖喱粉	1/2勺（小）
黄油	5g
盐、胡椒	各适量

装饰材料

细香葱	适量

要点
鸡胸肉的厚度要均匀

所需时间	难易度
*80*分钟	★★★

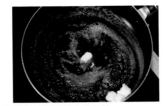

02 把黄油倒入锅中并加热。

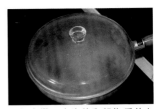

07 向锅中撒入少许盐和胡椒后盖上锅盖，用小火煮5分钟左右。

03 黄油融化后把胡萝卜和洋葱倒入锅中翻炒。
※往里面撒入一点盐以加快菜熟的速度。

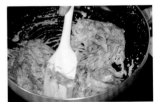

08 煮好后将淡奶油倒入其中，并用锅铲搅拌同时让水分蒸发，水分蒸发完后关火。

04 胡萝卜和洋葱炒软后把蘑菇倒入锅中。

09 将打好的蛋黄倒入锅中并搅拌，加入适量的盐和胡椒调味。
※蛋黄遇高温容易凝固，所以要先关火。

05 蘑菇炒至轻微的金黄色后把生菜倒入锅中翻炒。

10 将所有的菜都盛入碗里，把碗放到冰水里冷却。

01 制作蔬菜馅。将洋葱切成2～3mm的薄片，蘑菇切成2～3mm厚的片状，胡萝卜和生菜切成细丝。

06 蔬菜全部炒软后将清汤倒入锅中。

11 用刀去掉鸡胸肉上面的皮、筋和油脂。

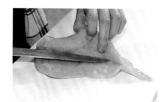

12 从鸡胸肉较厚的部位下手，从中央将肉平行地片成两块。

17 像糖果一样用棉线绳系住两端，剩下的另一片鸡肉也采取同样的做法。

22 将3/4做好的沙司用网筛过滤。

13 用保鲜膜把肉包住后再用打肉器或擀面杖敲打，使肉的厚度均匀。打完后取下非切口一面的保鲜膜，将切口面朝下放置。

18 把清汤、百里香、月桂叶、一撮盐和少许胡椒倒入锅中并加热。

23 向锅中剩下的1/4沙司里倒入咖喱粉并搅拌，之后用网筛过滤。

14 在鸡肉上面（朝上一侧）撒上1/4勺盐和少许胡椒，用手涂匀。把10中的一半均匀地盛在上面。

19 水温达到75℃时关火。把17中做好的鸡肉卷放入锅中。开小火使水温保持70～75℃，不时地给鸡肉卷翻个过儿，大约煮25分钟。

24 把19中的鸡肉卷解开，斜切成1cm厚的片状。

15 把鸡肉紧紧地卷上，里面不要留空隙。卷完后用手捏住两端，调整鸡肉卷的形状使均匀。

20 制作奶油浓鸡汁沙司。将19中的鸡肉卷取出，把汤煮到剩下约150ml，将黄油和淡奶油倒入锅中使之融化。

25 把22中的沙司倒入盘子中，中间摆上24中的鸡肉片。在22中的沙司周围滴上一圈23中的沙司。

16 取下外面的保鲜膜，用厨房用漂白布裹住鸡肉卷。卷的时候用卡片挤压，不要在布和鸡肉之间留下空隙。

21 将水溶性淀粉倒入锅中勾芡。向锅里放少许盐和胡椒搅拌。

26 用竹签将滴上的23中的沙司划成心形，最后摆上细香葱。

法式西餐用语 ①
食材篇

肉类

agneau ················ 羊羔	porc、cochon ················ 猪肉
veau ················ 牛犊	mouton ················ 羊
canard ················ 鸭子	volaille ················ 鸡
gibier ················ 野禽的总称,	dinde ················ 火鸡
如鹿、野猪、兔子、鸽子、鹌鹑等（P172）	queue de bœuf ················ 牛尾
pintade ················ 珍珠鸡	poussin ················ 小鸡
poulet ················ 童子鸡	pigeon ················ 鸽子
foie gras ················ 肥鹅或鸭子的肝	langue-de-bœuf ················ 牛舌
bœuf ················ 牛	

海鲜类

anchois ··· 鳀鱼去除头和内脏后腌制的咸鱼	crustacé ················ 虾、螃蟹等甲壳类
oursin ················ 海胆	coquille Saint-Jacques ················ 扇贝
espadon ················ 箭鱼	sole ················ 比目鱼
homard ················ 龙虾	saumon ················ 鲑鱼
calmar ················ 乌贼、墨斗鱼	daurade ················ 鲷鱼
caviar ················ 鱼子酱，多指鲟鱼子酱	moule ················ 贻贝
goujon ················ 小淡水鱼	huître ················ 牡蛎
炸鱼丝的法语是"goujonnettes"	langoustine ················ 海螯虾
crabe ················ 螃蟹	

蔬菜类

ail ················ 大蒜	Ciboulette ······ 细香葱 外形与韭黄相似，可入药
asperge ················ 芦笋	chou ················ 卷心菜
artichaut ················ 洋蓟、法国百合	chou-fleur ················ 花椰菜
endive ················ 苦苣（P34）	pomme de terre ················ 土豆
échalote ················ 红葱头	poivron ················ 柿子椒
Épinard ················ 菠菜	poireau ················ 韭菜
aubergine ················ 茄子	lentille ················ 兵豆
oignon ················ 洋葱	

Choucroute

法式泡菜炖熏肉肠

起源于德国，阿尔萨斯地区的家常菜

法式泡菜炖熏肉肠

材料（4人份）

猪肩肉（块状）	100g
培根（块状）	100g
4种香肠	各两根
土豆	2个（小、200g）
洋葱	70g
大蒜	1/2瓣
酸白菜（或酸卷心菜）	300g
清汤（参照P70）	500ml
白葡萄酒	100ml
杜松子	4粒
月桂叶	1片
丁香	1根
粒状芥末	适量
芥末	适量
猪油	1勺（大）
盐、胡椒	各适量

要点
盖上锅盖蒸煮

所需时间	难易度
100分钟	★ ★ ★

01 把剥好皮的洋葱切成2～3mm厚。

02 把培根二等分后再切成5mm厚的薄片。

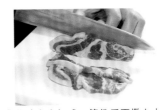

03 将猪肩肉切成四等份后再撒上少许盐和胡椒。
※切的时候要注意把瘦肉和肥肉均匀地分布。

04 土豆削皮后竖切成两半，再将土豆放在水里浸泡。

05 土豆要削成图左边的样子（右边的是失败的例子）。
※将凹凸不平的部分削去后土豆不易煮碎，煮熟的时间也都差不多。

06 把土豆放到锅里煮到用竹签可以一下子穿透。因为土豆比较易碎，所以水里不要加盐。

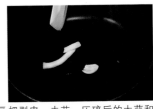

07 把剥皮、去芯、压碎后的大蒜和猪油倒入锅中加热。

08 大蒜炒香后把培根和猪肉放入锅中。

09 培根和猪肉挨着锅一面被煎成金黄色后，把肉翻过来再把另一面剪成金黄色。

10 把01中洋葱倒入锅中翻炒。

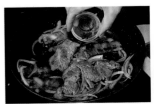

11 洋葱炒软后将杜松子和丁香倒入锅中。

12 轻轻翻炒后把白葡萄酒倒进锅中。

13 用锅铲搅拌，一边让酒精挥发掉，一边把锅底的汤汁翻到上面。

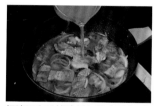

14 把清汤和月桂叶倒入锅中后煮1个小时左右。

15 沸腾后会如果发现有浮沫漂在上面，就把火改成小火，用勺子将浮沫撇出。

16 煮1个小时后汤会减少到原来的1/3左右，如果汤还是比较多，需继续煮。

17 将酸白菜倒入锅中，盖上锅盖煮。

18 煮一会儿后，加入少许的盐和胡椒调味。

19 酸菜煮软时，将4种香肠放在上面。

20 将控水后的06中的土豆摆在香肠旁边。

21 盖上锅盖用小火煮5～6分钟左右。
※如果火太大，会让香肠裂开。

22 用筷子夹出月桂叶。
※因为要先把酸菜装盘所以可以把香肠和土豆暂时先放在托盘里。

23 将酸菜盛在盘子里，上面浇一些汤汁，再把猪肉、培根、洋葱也盛到盘子里。

24 如果香肠太大就把香肠切成合适的大小后，再和土豆一起放在盘子里。在旁边放上粒状芥末即可。

要点

先尝一下酸菜的味道

在做菜前可以先尝一下酸菜的味道。如果太酸，需用水洗一下，如果不够酸，可以加一些醋来增加酸味。

可以根据个人的喜好调整酸菜的酸度。

在法国随处可见的猪肉制品店

法国人经常光顾的场所

猪肉制品店

猪肉制品的法语为"charcuterie"，同时也指出售香肠、罐头肉酱、熟肉酱、火腿、猪肉冻等猪肉制品的商店。此外，一般的家常菜也可以在这里买到。法国各地都有这样的猪肉制品店，当地出产的肉制品和特产都可以在这里买到。

可以在猪肉制品店买到的商品

香肠

猪肉冻

有的地方的店还可以买到国外产的肉制品

猪肉香肠、香草香肠、西南部的图卢兹产的香肠等各种法国国内产的香肠都可以在猪肉制品店买到。

用剁碎的猪肉和蔬菜熬制而成的一道地道的法国菜。每个猪肉制品店几乎都有出售，种类也很丰富。

在与德国相邻的阿尔萨斯地区可以买到德国产的香肠。在这里可以买到法兰克福香肠、生香肠等各种德国产的香肠。

法国香肠

　　法国不仅有很多蛋糕店和蔬菜店，在这些店铺旁，您还可以发现很多以出售猪肉和猪肉制品为中心的猪肉制品店。这类店铺在法语中被称为"charcuterie"，它和蔬菜市场、奶酪店一样，是法国人饮食生活中不可缺少的一部分。用猪肉做成的各种家常菜、新鲜生火腿、培根、猪肉冻、香肠等各种猪肉制品都可以在这里买到。

　　一提到香肠，人们总会先想到德国的法兰克福香肠。而法国的猪血香肠也很有名。法国的猪血香肠主要用猪血和肥肉制成，里面添加了葡萄干、白兰地等材料。此外，里昂地方出产的里昂那香肠和用猪肠、猪肉、猪内脏做成的猪肉香肠也很有名。

Confit de cuisse de poulet

油浸鸡腿

用文火慢慢烧煮而成，口感香软润滑

油浸鸡腿

材料（4人份）

鸡腿肉（带骨头）…… 2根（45g）
大蒜……………………………… 1瓣
百里香…………………………… 1枝
月桂叶…………………………… 1片
色拉油……………………… 500ml
猪油………………………… 500g

制作腌制液的材料

百里香…………………………… 1枝
丁香……………………………… 2根
粗糖…………………………… 30g
水…………………………… 1000ml
粗盐（或精盐）……………… 50g
黑粒胡椒………………………… 1g

煮兵豆的材料

兵豆（橙色）………………… 80g
兵豆（茶色）………………… 80g
EXV橄榄油………………… 1勺（小）
盐、胡椒……………………… 各适量

制作苦苣沙拉的材料

苦苣………………………… 4棵（40g）
苹果……………………………… 20g
原味酸奶…………………… 2勺（大）
蛋黄酱……………………… 1勺（小）
羊乳奶酪……………………… 25g
盐、胡椒……………………… 各适量

装饰材料

水芹……………………………… 适量

要点
保持临沸腾状态（温度）

所需时间	难易度
*300*分钟	★ ★ ★

※不包括腌制鸡腿的时间

01 将黑粒胡椒倒入研钵中捣碎。

02 用竹签或钢签在鸡腿上扎眼，越多越好。
※给鸡腿扎眼可以使味道渗入到肉里面。

03 制作腌制液。将水、百里香、丁香、粗糖、01中的黑胡椒、粗糖倒入锅中并用加热。

04 粗盐溶解后把火关掉，将锅中的汤倒入碗中，把碗放到冰水里冷却。

05 把鸡腿放到大盘子里，将04倒入其中，用保鲜膜封好后放入冰箱里冷藏一整天。

06 取出冰箱里的鸡腿，用水清洗干净后放到干净的毛巾上擦干表面的水分。

07 将色拉油、猪油、百里香、大蒜倒入锅中并用大火加热。

08 将厨房用温度计插入07中，温度达到70～80℃时将06中的鸡腿放入锅中。保持此温度煮4小时左右。锅上层澄清的油还可以继续使用。

09 ※如果需要保存，可以把鸡腿放到大盘子里，把锅上层澄清的油倒入，盖住鸡腿即可。放到冰箱里可以保存一个月左右。

10 制作煮兵豆。橙色的兵豆洗净后倒入网筛中控掉水分。

11 将10中的兵豆倒入锅中，再加入能覆盖住兵豆的水。用小火煮15～20分钟，将兵豆煮软即可。

16 煎至金黄色后把鸡腿翻过来，把另一面也煎成金黄色。

21 把苦苣和苹果倒入碗中，将羊乳奶酪捏碎后也放入其中。

12 水煮干后将1/2勺盐和一撮胡椒倒入锅中并搅拌。

17 把煎好的鸡腿放在厨房用吸水纸上，以去除多余的油脂。

22 用筷子上下搅拌，一定要搅拌均匀。

13 把EXV橄榄油倒入其中并搅拌。茶色兵豆也同法操作。

18 制作苦苣沙拉。将苦苣一片片摘下，切成合适的大小。

23 把13中的煮兵豆装到盘子里，22中的苦苣沙拉摆在旁边，将17中的鸡腿放在上面，摆上水芹即可。

14 把08中的油多倒一些在煎锅中，把鸡腿放进去煎。

19 苹果洗净后不去皮，切成1mm厚的薄片。

要点

煮好鸡腿的方法

如果用高温煮，会使鸡肉中的蛋白质变硬，煮出来的鸡肉就会非常干。在煮鸡腿时一定要用小火，让油温保持在70～80℃，注意不要让油沸腾。

15 可以将煎锅倾斜以便煎到全部的鸡肉。

20 将原味酸奶、蛋黄酱、盐和胡椒各少许装进碗中，用筷子或锅铲搅拌均匀。

如果有保温器就非常方便了。

赋予食物各种香味的主要配角

既有非常辣的也有外观非常可爱的、种类丰富的香辛料

孜然

伞形科植物的种子。气味芳香而浓烈，是制作咖喱粉和五香辣椒粉的主要原料，也是烧、烤食品必用的上等佐料。用孜然加工牛羊肉可以去腥解腻，增强人的食欲。

杜松子

是杜松子树的莓果。具有树脂的香味，味道微苦。用于烹饪可以去除食物的腥味或异味。此外杜松子也可以用来给蒸馏酒调味。

藏红花

多年生草本植物的雌蕊。从花中采摘三个柱头，用炭火烤干便可用于食品调味和调色，价格非常昂贵。带有强烈的独特香气和苦味，也可用作染料。

丁香

常绿乔木的花蕾干燥后制成。拥有强烈的香味。烹饪时为了便于取出，可以将其插在洋葱里。

辣椒粉

将红辣椒研磨成粉末状。烹饪时只要加入少许就可以发挥效用。常与烹饪海鲜类时使用的美式沙司一起搭配。

红胡椒

在法国被称为"玫瑰色胡椒"。红胡椒是巴西胡椒树的果实，与平常使用的胡椒不同。在法式西餐中经常用来装饰菜品。

香辛料的4种主要用途

日本人经常使用的香辛料主要有辣椒、胡椒、花椒等，但在法国除了家家必备的黑胡椒、肉豆蔻、丁香等香辛料外，辣椒粉、孜然等各种香辛料也被经常使用。此外还有把各种香辛料混合在一起的普罗旺斯香料、多香果等混合香料。

香辛料主要有调香、调辣、调色和杀菌除臭四种主要功效。例如孜然、香菜等主要用来给食物增添香味和风味，而胡椒和辣椒这种比较辛辣的香辛料主要用来调节食物的味道。藏红花、姜黄等具有染色功能的香辛料主要用来调节食物的颜色，而像茴香这样本身就具有较浓烈香味的香辛料则主要用于消除海鲜类食物的腥味。

Porc façon de la vallée d'Auge

奥热河谷风味炖肉

洋溢着卡巴度斯酒芳醇的香味

113

奥热河谷风味炖肉

材料（2~3人份）

五花肉（块状）…………… 500g
小洋葱……………… 4个（160g）
苹果……………… 2个（小、600g）
小牛汁（参照P30）………… 150ml
卡巴度斯酒……………… 1勺（大）
苹果酒………………………… 200ml
百里香………………………… 1枝
水溶性淀粉…………………适量
黄油…………………………… 15g
色拉油………………… 1勺（小）
盐、胡椒………………各适量

制作心形油煎面包块的材料

面包（三明治用）…………… 2片
香芹叶……………… 1/2根的量
色拉油……………… 2勺（小）
黄油…………………………… 10g

要点
最后用大火煎面包

所需时间	难易度
200分钟	★★★

※不包括浸泡小洋葱的时间

02 用刀剥去洋葱皮，再在洋葱的根部中心位置刻一个十字。
※这样洋葱比较容易入味。

07 把削好皮的苹果切成两半后取出里面的籽，再将苹果切成12等份。

03 切去三明治用面包的面包边。从中间切开面包，再将面包斜切成两半，这样面包就切成了4个直角三角形。

08 把五花肉切成4~5cm厚的小块。

04 将每片面包都切成心形，具体方法如图所示。

09 把切好的肉放到托盘上，撒上1/2勺盐（小）和少许胡椒并用手揉搓。

05 将香芹切丁。
※香芹洗净后将水控干，摘下香芹的叶子后把叶子聚到一起切丁。

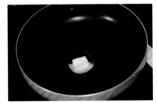

10 把5g黄油和色拉油倒入锅中并加热。

01 提前将小洋葱带皮浸泡一个小时左右。
※洋葱皮泡软后更好剥。

06 用苹果去核器或水果刀取出苹果核，削去苹果皮。

11 黄油变成褐色时，将09中的猪肉倒入锅中，把肉块的各面都炒成金黄色。

12 把炒好的肉块放到厨房用吸水纸上以去除多余油分。

17 沸腾后将百里香和撕碎的月桂叶放到锅里。如果有浮沫需将浮沫撇出。

22 把水溶性淀粉倒入锅中勾芡。

13 把10g黄油倒入煎锅中并加热。

18 将浮沫撇出后盖上锅盖，用小火煮2小时左右（压力锅20分钟左右）。

23 制作心形油煎面包块。将色拉油和黄油倒入锅中并加热，黄油溶解后将04中的面包放入锅中。

14 将一半的苹果和小洋葱倒入锅中翻炒。

19 煮好后将上面漂着的3~4mm的一层油撇出来。

24 将面把炸至金黄色，炸好后放到厨房用吸水纸上。
※为了去除多余的油分，最后用大火炸。

15 苹果和小洋葱炒至金黄色后盛出。把剩下的苹果倒入锅中翻炒。

20 将15中取出的苹果和小洋葱倒进锅中，盖上锅盖，用小火煮30分钟左右。

25 用面包尖蘸上22中的汤汁，再将05的香芹涂在上面。

16 将12中的猪肉倒入锅中。再将卡巴度斯酒、苹果酒、小牛汁倒入其中。

21 煮到竹签可以一下子穿透猪肉和洋葱即可。

26 把22中的猪肉、苹果、小洋葱盛到盘子里，再浇上汤汁。把25中的面包摆在上面，面包尖朝上。

115

诺曼底地区的特色

东西部洋溢着不同氛围的诺曼底

上诺曼底

瑟堡　迪耶普　埃特尔塔
　勒阿弗尔　鲁昂
巴约　卡昂　吉维尼
　翁弗勒尔　多维尔
　卡芒贝尔
下诺曼底　阿朗松

诺曼底地区距离巴黎市中心80km左右。东部为上诺曼底，西部为下诺曼底。

当地特色菜肴

诺曼底风味煮贻贝
与黄油和淡奶油一起煮成的菜肴。除了贻贝外也可以煮比目鱼、鸡肉等其他食物。

油螺
油螺是冷水中生活的食肉动物。当地人习惯用糖水煮后再放柠檬调味，吃的时候可以搭配蛋黄酱或相应的沙司。

猪肉肠配沙拉
诺曼底产的猪肉肠（P108）是以山毛榉为燃料熏制而成的。

位于下诺曼底北部的卡昂市的街景

卡芒贝尔奶酪的发祥地

也被称为AOC奶酪。采用当地奶牛产出的无杀菌牛奶制成，表面的白霉层散发着美妙的蘑菇香，里面的奶酪呈象牙色，奶油形状，质感非常柔和。

作为卡芒贝尔奶酪的发祥地而闻名的卡芒贝尔村。

法国是许多世界知名苹果酒和乳制品的原产地

诺曼底北濒英吉利海峡，纬度较高，气候温暖，牧草丰盛，是一片富饶的土地。以卡昂为中心的下诺曼底地区农业和畜牧业发达，这里的奶油、黄油、奶酪等乳制品非常有名。此外这里还盛产苹果，用苹果酿制的发泡酒（苹果酒）和蒸馏酒（卡巴度斯酒）也是下诺曼底地区的特产。法式西餐中菜名前带着"诺曼底风味"就是指把食材和淡奶油、苹果、苹果酒、卡巴度斯酒一起

煮的菜肴，这样的菜肴通常看上去颜色较清淡。

位于东部的上诺曼底地区的渔业非常发达，出产比目鱼、黄盖蝶等许多珍贵鱼类。此外，位于上诺曼底中心的鲁昂地区的鸭肉也很有名，当地的鸭子采用传统方法喂养，肉色较红，味道鲜美，所以制成的鸭肉菜肴远近闻名。

Porc rôti aux figues

烤猪肉搭配红酒沙司和
西葫芦慕斯

充满蒜香的猪肉吃起来非常可口

烤猪肉搭配红酒沙司和西葫芦慕斯

材料（2~3人份）

猪肩肉（块状）	500g
洋葱	40g
胡萝卜	30g
芹菜	20g
土豆	2个(300g)
小洋葱	8个（320g）
大蒜	6.5瓣
香芹叶	1/2根的量
黄油	5g
色拉油	1勺（小）
盐、胡椒	各适量

制作西葫芦慕斯的材料
（4个7cm的布丁杯的量）

洋葱	30g
西葫芦	120g
牛奶	50ml
鸡蛋	2枚
淡奶油	100ml
黄油、盐、胡椒	各适量

制作红酒沙司的材料

红酒	100ml
清汤（参照P70）	300ml
小牛汁（参照P30）	75ml
水溶性淀粉	适量
盐、胡椒	各适量

要点
把烤好的蔬菜再炒一遍

所需时间	难易度
*100*分钟	★★★

※不包括泡小洋葱的时间

01 将香芹和1.5瓣的大蒜（剥皮去芯后）切丁。
※将小洋葱带皮泡一个小时左右。

02 把整块猪肩肉片成1.5cm厚后在上面撒上1/2勺（小）盐和少许胡椒。

03 将大蒜和香芹抹在肉片上并用手按揉。
※大蒜和香芹不仅能除去猪肉的腥味，还能丰富其香味。

04 将猪肉紧紧卷起，尽量卷细长一些。
※卷得越细猪肉熟得越快，从而缩短烹饪时间。

05 用绳子将肉捆绑起来。参照P134将绳子弄成环形挂在手上，用手抓猪肉每隔3~4cm捆一圈。

06 将洋葱、胡萝卜、芹菜切成8mm的小块。取一瓣大蒜剥皮去芯后压碎。

07 在烤箱板上铺上烤箱垫，将蔬菜铺在上面。

08 土豆洗净后带皮切成3cm的小块。小洋葱剥皮后清洗干净。另取4瓣带皮的大蒜。

09 把色拉油和黄油倒入锅中并加热，将05中的猪肉放进锅中，在猪肉两边放上小洋葱、土豆和大蒜，将它们炒至金黄色。

10 把炒好的猪肉放在07的中间，将其他蔬菜倒在猪肉两边，把它们放入180℃的烤箱中烤20分钟左右。

11 制作西葫芦慕斯。把洗净的洋葱和西葫芦切成2mm厚的薄片。

12 按照直径为7cm的布丁杯底的形状和大小裁开蛋糕纸。

17 在布丁杯的里面涂上适量黄油，将12中的蛋糕纸铺在杯底，再将西葫芦铺在上面，最后将16倒入布丁杯中。

22 制作红酒沙司。将21中的蔬菜倒入锅中，倒入红酒并加热。
※加入21中过滤出来的肉汁会更美味。

13 把10g黄油倒入锅中并加热，黄油溶化后将洋葱倒入锅中翻炒。

18 将布丁杯放在大小合适的容器中，向里面注入一半高的热水，将其放入170℃的烤箱中烤20分钟左右。

23 将清汤和小牛汁倒入锅中煮10分钟左右。煮好后用网筛过滤，在过滤出来的汤汁中加入少许盐和胡椒，再将水溶性淀粉倒入其中。

14 洋葱炒软后将西葫芦倒入锅中，再向锅中撒入少许盐和胡椒。

19 将10中的小洋葱、土豆取出，再将肉放回烤箱中继续烤20分钟左右。

24 把猪肉切成1cm厚的小片并盛到盘子里，将18的慕斯和19的蔬菜摆在猪肉两边，最后浇上23的沙司。

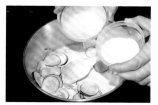

15 将牛奶和淡奶油倒入锅中煮7~8分钟，煮好后放到冰水中冷却。
※将锅中液体的量煮到稍低于蔬菜的高度即可。

20 猪肉的中心温度达到70℃以上或者用竹签插进去有透明的液体流出，说明猪肉已经烤好了，用锡箔纸将猪肉包起来，以便于保温。

要点

只需一点时间就可以让菜肴更美味

把小洋葱、土豆、大蒜从烤箱中取出后再炒一遍会让蔬菜更美味，也可以让蔬菜看上去更诱人。

16 将鸡蛋和15倒入搅拌机中搅拌顺滑即可。
※取出4片西葫芦一会铺在布丁杯里面。

21 将烤箱板上剩下的洋葱、胡萝卜、芹菜用网筛过滤以去掉多余的油分。
※撇去漂在上面的油，底下的肉汁可以放到沙司里。

用大火将蔬菜炒成金黄色。

牛肉的食用部位和牛里脊的构造

详细剖析牛里脊肉的具体结构

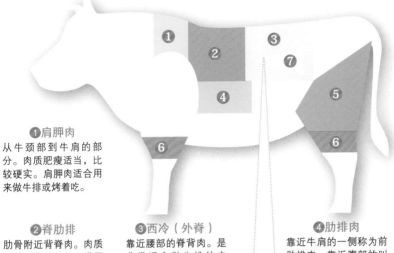

❶肩胛肉
从牛颈部到牛肩的部分。肉质肥瘦适当，比较硬实。肩胛肉适合用来做牛排或烤着吃。

❷脊肋排
肋骨附近背脊肉。肉质较厚，脂肪较多。常用于炖煮或煎炒。

❸西冷（外脊）
靠近腰部的脊背肉。是非常适合做牛排的夹心牛肉，中间的肥肉非常细腻，口感柔软。顺滑。

❹肋排肉
靠近牛肩的一侧称为前肋排肉，靠近腹部的叫做后肋排肉或上方肉，瘦肉和肥肉层层相叠。

❺大腿肉
大腿肉分为大腿内侧、大腿外侧和粗膝肉三个部分。大腿内侧的肉是最柔软的。

❻胫肉
小腿肉，是牛肉中牛筋最多的部分，肉质较硬，需要长时间烹制，非常适合炖煮。

扩大图

Ⓐ
法语为filet mignon，一般切成块状食用。

Ⓑ
这一部分称为tournedos，适合做牛排。

❼里脊肉
长50cm，一块2～3kg的肉。一头牛中只有两块这样的肉，是非常珍贵的部位。

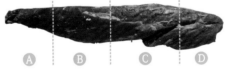

Ⓐ　Ⓑ　Ⓒ　Ⓓ

Ⓒ
最高级的部位之一，里脊肉中最肥的一块，chateaubriand(夏多布利昂牛排)就是用这部分做成的。

Ⓓ
法国人把这部分称作菲力头，但是事实上这部分比较靠近牛尾。

每个国家都不同的牛肉各个部位的叫法

　　根据每个部位牛肉肉质的不同来选择具体的烹调方法，这样更能吃出牛肉的美味。例如脊肋排的夹心牛肉部分非常适合做牛排，小腿肉的较硬部分非常适宜炖煮。

　　本书中的红酒煮牛肉（P125）用的就是牛肩胛肉和肋排肉，啤酒煮牛肉（P128）用的是牛肩胛肉、肋排肉、大腿肉等部分。牛肉各个部位

的分割方法和叫法各个国家都有差别，并没有统一的标准。例如在日本把牛腹部的肉统称为牛腹肉，但在法国又把这一部分细分为胸肉、腹肉等4个部分。法国人把牛里脊肉的中心部位称做夏多布利昂(chateaubriand),是以著名美食家的名字命名的。

无花果沙司菲力牛排配鹅肝酱

简单的做法更能体现食材的美味

无花果沙司菲力牛排配鹅肝酱

材料（2人份）

牛里脊肉·······················200g
鹅肝酱·················2块（100g）
黄油·······························5g
色拉油·······················1勺（小）
高筋面粉、盐、胡椒··········各适量

制作烤蔬菜的材料

紫色洋葱·················1/4个（60g）
藕·······························20g
苹果·······························20g
茄子·······························40g
西班牙红椒···················40g
南瓜·······························40g
大蒜·······························4瓣
橄榄油·······················1勺（大）
盐、胡椒·······················各适量

制作无花果沙司的材料

半干无花果·······················1个
红葱头（或洋葱）···············10g
波尔多酒···················4勺（小）
红葡萄酒···················2勺（大）
小牛汁（参照P30）·········100ml
黄油·······························20g
盐、胡椒·······················各适量

装饰材料

芝麻菜

要点

将煎好的肉放置一段时间，放置时间与煎肉用时相同

所需时间	难易度
*60*分钟	★ ★ ★

※不包括浸泡无花果的时间

01 制作无花果沙司。把半干的无花果在温水里泡30分钟左右，之后取出切成1cm的小块。将红葱头切丁。

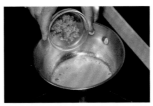

02 将15g黄油倒入锅中并加热，黄油溶解后将红葱头倒入锅中炒香。※炒到辣味消失，能闻到甜味即可。

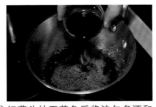

03 红葱头炒至茶色后将波尔多酒和红葡萄酒倒入锅中。

04 待酒精挥发后将01的无花果倒入锅中。

05 把小牛汁也倒进锅里，沸腾后把火调到小火，煮到剩下1/3的量即可。

06 煮到图片中的状态时将5g的黄油倒入其中，仔细搅拌使其溶解。最后加入少许盐和胡椒并搅拌均匀即可。

07 将西班牙红椒收拾干净，去掉里面的籽和瓤，切成2cm宽的小条。

08 南瓜去瓤后切成1cm宽的小瓣。

09 将紫色洋葱切成1cm宽的圆片。

10 莲藕去皮后切成5mm宽的薄片，切好后泡在加醋的水里。

11 切掉茄子尾部后将茄子切成5mm宽的圆片，并把切好的茄子泡在水里。

12 大蒜切丁后泡入橄榄油中搅拌。

17 用勺子将12涂在牛里脊上后，把适量盐和胡椒也均匀涂抹在牛里脊上。

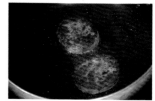

22 煎锅烧至高温后把鹅肝酱放入，将鹅肝酱煎至金黄色即可。
※不要总是翻动鹅肝酱，煎至金黄色后再翻过来煎另一面。

13 把12、盐和胡椒浇在07的西班牙红椒、08的南瓜、09的紫色洋葱、10的莲藕、11的茄子上。

18 把黄油和色拉油倒入煎锅中并加热，黄油溶解后将牛里脊放入锅中，参照P124将牛里脊煎到自己喜欢的程度。

23 两面都煎成金黄色后将鹅肝酱放在厨房用吸水纸上以去除多余的油分。

14 把13放入烤锅（参照P4）中烤熟。
※烤至图片中的颜色时将蔬菜调转90度，以便使蔬菜烤出好看的格子模样。

19 从锅中取出牛里脊后将其摆在比较热的铁架上，放置时间与煎肉用时相同。然后将牛里脊放在厨房用吸水纸上以除去多余的油分。

24 将15的蔬菜、19的牛里脊、23的鹅肝酱放在盘子里，将06的无花果沙司倒在菜的旁边，最后摆上芝麻菜即可。

15 烤好后将蔬菜放在厨房用吸水纸上以除去多余的油分。

20 把鹅肝酱放在托盘上，在上面均匀地撒上少许盐和胡椒。

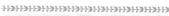

要点

将肉放置一段时间会让食物更美味

将煎好的牛里脊放置一段时间（与煎肉用时相同），会让肉汁都浸入肉里面，肉整体会变成淡红色，看起来更诱人。

多汁的菲力牛排

16 将恢复常温的牛里脊放在托盘上，用厨房用吸水纸吸取牛肉表面的水分。

21 在20的鹅肝酱上轻轻地涂满高筋面粉，涂好后拍去多余的高筋面粉。

从近生到全熟的肉的熟度

法式肉的煎烤方法，烹饪时可以选择自己喜欢的熟度

近生 | 剖面是这样的!

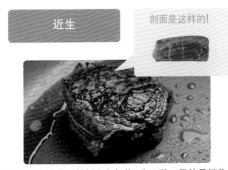

正反两面在高温铁板上各加热1分30秒，目的是锁住湿润度，使外部肉质和内部生肉口产生口感差，外层便于挂汁，内层生肉保持原始味。

五分熟 | 剖面是这样的!

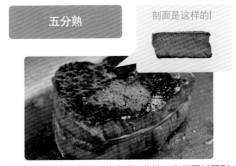

正反两面在高温铁板上各加热3分钟。表面可以看到血丝，侧面颜色较淡。整体呈粉红色，口感均衡。

三分熟 | 剖面是这样的!

正面在高温铁板上加热2分30秒，反面加热3分钟。表面隐约有血渗出即可。剖面中心的1/3是生的，上下1/3呈粉红色。

全熟 | 剖面是这样的!

将肉全部煎熟，断面呈粉红色。正面加热4分钟，反面加热8分钟。表面如果有血渗出的话就用纸擦掉，加热到没有血渗出为止。

法国人喜欢的肉

法国人在选肉时喜欢选择脂肪少、瘦肉多的肉。而在日本，人们则喜欢瘦肉和脂肪交互层叠的"夹心肉"，这种肉口感柔软，被认为是上等肉。日本比较高级的肉主要有松坂牛肉、近江牛肉等。法国也有与日本类似的高级肉，例如勃艮第地区的牛肉就很有名，勃艮第牛肉脂肪含量少，肉质细腻，是法国高品质肉类之一。

如何判断肉的品质呢？其实这是需要技巧的。首先要观察瘦肉和脂肪的颜色，瘦肉的颜色鲜艳说明肉比较新鲜，脂肪的颜色发黄的肉最好不要买。还有就是观察肉的切面，如果切面细腻且有弹性，说明肉质较好。

Bœuf Bourguignon

勃艮第风味红酒炖牛肉

让人沉醉的红酒余韵

勃艮第风味红酒炖牛肉

材料（2人份）

牛肉（肩胛肉或肋排肉、块状）…… 500g
洋葱、胡萝卜、芹菜、大葱 …… 150g
大蒜 …… 1瓣
红葡萄酒 …… 430ml
月桂叶 …… 1片
香芹茎 …… 1根
黄油 …… 15g
色拉油 …… 1勺（大）
水煮番茄（整个）…… 180g
小牛汁(参照P30) …… 200ml
水溶性淀粉 …… 适量

制作配菜的材料

培根 …… 20g
小洋葱 …… 4个（160g）
蘑菇 …… 2个（50g）
水 …… 适量
砂糖 …… 2勺（小）
黄油 …… 15g
盐、胡椒 …… 各适量

装饰材料

切碎的香芹 …… 适量

要点
煮到汤的上面出现浮沫

所需时间	难易度
240分钟	★★★

※不包括腌制牛肉和小洋葱泡水的时间

02 把洋葱、胡萝卜、芹菜、大葱切成1cm的小块，大蒜剥皮后压碎。

03 ※把01、02、月桂叶、香芹茎、200ml的红葡萄酒倒入一个碗中，用保鲜膜封住碗口后将其放入冰箱冷藏1天。

04 从冰箱取出后用网筛过滤，把汤和食材分离。取出牛肉放在托盘上，用手挤出里面的水分后再用厨房用吸水纸或毛巾擦干表面。

05 在牛肉上面撒上1/2勺（小）盐和少许胡椒并用手涂抹。

01 切除牛肉上面多余的筋头和油脂，将牛肉切成5cm的小块。把小洋葱泡在水里一个小时左右。

06 在煎锅中加入5g黄油和色拉油并加热，将牛肉倒入锅中。牛肉煎至金黄色后将其盛在托盘上。

07 将10g黄油倒入煎锅里，把04中过滤出来的蔬菜倒入锅中炒至金黄色。

08 将04中的汤汁放到另一个锅里煮沸，出现很多浮沫后将其倒入铺有厨用吸水纸的网筛中过滤。
※等到锅中出现很多浮沫再过滤。

09 将180ml的红葡萄酒倒入煎锅中加热，小火煮到剩下30ml左右即可。

10 将07中的中的蔬菜和06中的牛肉依次放入锅中（最好用炖煮用的煮锅）。

11 将08的汤汁和过滤后的水煮番茄倒入锅中，并用大火加热。

12 将小牛汁倒入锅中并搅拌均匀，煮至沸腾。

17 取出牛肉后将16的汤汁煮到剩下300ml左右，煮好后将水溶性淀粉倒入增加浓度。如果使用的是压力锅也采取同样的做法。

22 将10g黄油和砂糖放入另一个锅中并加热，黄油变成茶色后把小洋葱放入其中。

13 沸腾后如果表面有浮沫，将浮沫撇出。用勺子将表面多余的油分舀出来。

18 将17的汤汁用网筛过滤。

23 向锅中加入刚好覆盖住小洋葱的水、少许盐和胡椒。煮到小洋葱变软，锅里的水几乎蒸发干为止。

14 把蛋糕垫裁成图片中的样子后将其盖在菜上，把锅放入160℃的烤箱中烤3小时左右(用压力锅的话需要30分钟左右)。

19 制作配菜。在小洋葱头的位置刻上十字。

24 将16中的牛肉和18中的汤汁盛到盘子里，将21的培根和蘑菇、23的小洋葱摆在上面，最后再撒上香芹即可。

15 用竹签插牛肉一下子能扎透时，说明肉已经熟了。
※如果汤变少了需一边加水一边煮，同时保证汤能盖住食材。

20 将培根和蘑菇切成5mm的薄片。
※使用之前先用小刷子将蘑菇刷干净并将蘑菇根部切掉。

要点

怎样让牛肉看起来更诱人

煎牛肉的时候，如果牛肉的水分太多会影响煎出来的牛肉的颜色。牛肉腌制好后用手挤出其中的水分，接着将牛肉放在毛巾上以吸干牛肉中的水分。

16 用漏勺和锅铲将15中的牛肉取出，移到另一个锅中。
※慢慢移动，不要将煮好的牛肉弄碎。

21 将5g黄油倒入锅中并加热，将培根和蘑菇的两面都煎成金黄色。最后撒入少许盐和胡椒。

用毛巾包裹住牛肉，以充分吸收其中的水分。

Carbonade à la flamande
啤酒炖牛肉
微苦的啤酒与牛肉的完美组合

01 准备工作。剥去洋葱和大蒜的皮，去芯后切丁。

02 切去牛肉上多余的筋头和油脂后将牛肉切成3cm大小的肉块。

03 把切好的牛肉放到托盘里，撒上1/2勺（小）盐和少许胡椒并用手揉搓。

要点
用小火慢慢炖

所需时间	难易度
240分钟	★ ★ ★

04 将色拉油和5g黄油倒入锅中并加热，黄油变成褐色后将牛肉倒入锅中，并用大火煎炒。

材料（2人份）

牛肉（肩胛肉、肋排肉、大腿肉中任意一种、块状）………………… 400g
洋葱………………… 1个半（300g）
大蒜………………… 1瓣
水煮番茄（整个）………… 200g
小牛汁（参照P30）……… 200ml
啤酒………………… 200ml
百里香………………… 2枝
月桂叶………………… 1片
芥末………………… 1勺（小）
红糖………………… 1勺（大）
黄油………………… 20g
色拉油………………… 1勺（小）

盐、胡椒………………… 各适量

制作鸡蛋面条的材料

胡萝卜………………… 30g
菜豆………………… 20g
鸡蛋………………… 1枚
低筋面粉………………… 125g
啤酒………………… 40ml
农家奶酪………………… 40g
切碎的香芹………………… 1勺（大）
黄油………………… 8g
盐、胡椒………………… 各适量

05 将牛肉两面都煎成图中的颜色。

06 煎好后将牛肉放到厨用吸水纸上以吸去多余的油分。

11 将06中的牛肉、用网筛过滤后的水煮番茄、小牛汁、红糖、百里香、月桂叶、少许的盐和胡椒倒入锅中并加热至沸腾。

16 面条漂起来后将其与胡萝卜和菜豆一起捞到冰水里。最后将其盛在网筛里以控干水分。

07 将15g的黄油倒入另一个锅中并用中火加热。

12 将漂在上面的浮沫撇出来，用文火煮3小时左右。（压力锅煮30分钟左右）煮好后将芥末倒入锅中。

17 将黄油倒入煎锅中并加热，把鸡蛋面条、菜豆、胡萝卜倒入锅中炒香，放入盐和胡椒调味。

08 黄油变成褐色后，将01中的洋葱和大蒜倒进锅中翻炒。

13 制作鸡蛋面条。摘取菜豆的筋，将菜豆和胡萝卜切成4cm长的小条。

18 将17的鸡蛋面条、12的牛肉(取出百里香和月桂叶)盛在盘子里。※炖牛肉的汤汁一定要煮至浓稠。

09 洋葱炒至透明时加入少量的水，用锅铲搅拌直至水几乎干掉。

14 将筛过的低筋面粉、打好的鸡蛋、啤酒、农家奶酪、切碎的香芹、一撮盐和少许胡椒倒入碗中并搅拌均匀。

错误 ✕

牛肉块不见了

经过长时间炖煮的牛肉非常柔软，特别容易碎掉，所以千万不要搅拌得太用力。可以沿着锅边慢慢搅拌。

10 反复09的动作直至洋葱变成茶色，洋葱炒好后将啤酒倒入其中。

15 将13放入沸水（加入1%的盐）中煮，按照图片中的方法用锅铲将14弄成7mm宽的小面条并倒入锅中煮。弄40根左右。

太硬的锅铲容易把牛肉块碰碎。

皮卡弟、香槟地区的特色

世界知名的发泡葡萄酒"香槟"的原产地

当地特色菜肴

皮卡弟大区
亚眠
圣康坦
沙勒维尔·梅济耶尔
博韦
苏瓦松
兰斯 沙隆
埃佩尔奈
特鲁瓦 肖蒙
香槟·阿登大区 朗格勒

香槟地区位于法国北部，与比利时相邻。

啤酒煮牛肉
啤酒不仅可以饮用还可以用于烹饪。图片中的菜肴就是用啤酒炖煮的牛肉。

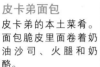

皮卡弟面包
皮卡弟的本土菜肴。面包脆皮里面卷着奶油沙司、火腿和奶酪。

香槟地区广阔的葡萄田。香槟酒就是用当地生产的葡萄酿制的。

弗兰德风味馅饼
黄油炒过的韭葱做馅。馅饼皮也是用很多的黄油煎熟。

使用香槟的菜肴

这里有使用香槟做成的沙司、炖煮的菜肴等一系列豪华菜肴。

用香槟来炖煮贝类是香槟地区的著名菜肴。

除了香槟外还有很多充满浓郁地方特色的菜肴

位于法国的最北部的香槟·阿登大区和皮卡弟大区都与比利时相邻。人们把法国北部、比利时西部、荷兰南部一带统称为弗兰德地区，因此这一地区的特色菜肴被人们冠以"弗兰德风味"的前缀。香槟地区的饮食文化受比利时的影响较大，同比利时一样这里的人们也非常喜欢喝啤酒，菜肴中也经常会用到啤酒。此外，当地常吃的蔬菜有芦笋、苦苣等。

香槟地区以盛产香槟而闻名，香槟是当地菜肴中不可缺少的一部分，香槟煮蔬菜、香槟炖肉、香槟煮海鲜等都是当地的特色菜肴。此外，这里还有许多适合与香槟酒一起搭配食用的特产，像在牛奶中加入奶油制成的白霉奶酪、用以橡果为饲料的猪的大腿肉制成的生火腿等。

豌豆烤鸡

Poulet rôti avec petits pois à la française

把整只鸡烤得又香又嫩吧

豌豆烤鸡

材料（4人份）

整鸡	1只
洋葱	80g
胡萝卜	30g
芹菜	20g
大蒜	1瓣
白葡萄酒	50ml
清汤（参照P70）	300ml
色拉油	1勺（小）
黄油	5g
盐、胡椒	各适量

填充物的材料

胡萝卜	20g
菜豆	3根(20g)
大米	50g
菰米	1勺（大）
黄油	5g
盐、胡椒	各适量

煮豌豆的材料

培根	20g
洋葱	30g
生菜	2片（小、20g）
豌豆（冷冻）	120g
水	适量
百里香	1枝
黄油	5g
盐、胡椒	各适量

要点
烤鸡时要不时地往鸡肉上抹油

所需时间	难易度
120分钟	★★★

02 锅中的水沸腾后将菰米倒进锅中，15分钟后把大米倒入锅里，约8分钟后再将菜豆和胡萝卜加入，再煮2分钟左右即可。

03 用笊篱将锅中的米和蔬菜都捞出来，撒入少许盐和胡椒并搅拌。

04 收拾整鸡。参照P150，首先去掉鸡皮上的绒毛和鸡屁股处的脂肪，再取出鸡锁骨部位的V字骨。

05 在脖根附近切掉鸡脖子的骨头（连鸡头一起切掉）。
※鸡脖处的骨头较硬，最好用刀剁。

07 把切掉鸡脖子的骨头后剩下的皮抻到鸡背一侧，用鸡翅膀夹住鸡皮以固定住形状。

08 鸡肚朝上，用汤匙把03的填充物塞到鸡肚里面。

09 参照P134把鸡捆起来。一边调整鸡的形状一边将鸡紧紧捆好以防填充物漏出来，鸡屁股部分尤其要捆紧。

10 向煎锅中倒入色拉油和黄油并加热，黄油变成茶色后将鸡放入锅中，将鸡的表面煎成金黄色。

01 制作填充物。把胡萝卜和去筋的菜豆切成5mm大小的小块。

06 把1/2勺（小）盐和少许胡椒均匀撒到鸡肉上，里面和外面都要撒上并用手揉搓。

11 将洋葱、芹菜胡萝卜切成1cm的小块。大蒜剥皮后压碎。

12 在烤箱板上铺上烤箱垫，把11铺在上面，将10中的鸡放在上面。放入190℃的烤箱中烤35分钟左右。
※烤鸡时要不时地往鸡肉上抹油。

17 把白葡萄酒、清汤、烤鸡中流出的肉汁倒入锅中后稍微煮一下。煮好后用笊篱或网筛过滤。

22 掰开鸡骨架，把里面的填充物用勺子挖出来，倒进碗中。

13 煮豌豆。将培根切成3mm宽的小条，生菜切成5mm宽，洋葱切成2~3mm宽的小瓣。

18 把捆在鸡身上的绳子解下来。打结的地方可以用刀切断，按照图片中的方法一边用刀抵住鸡，一边用手拽绳子。

23 将黄油倒入锅中并加热，把取出来的填充物倒进锅中炒一下，最后加入适量的盐和胡椒调味。

14 锅中放入黄油并加热，依次将培根、洋葱、豌豆倒进锅中。
※如果菜粘到锅底上，就向锅中加点水并用锅铲铲下来。

19 将鸡大腿切下来，切的时候用叉子按住鸡腿，不要用手直接拽。

24 把15中的煮豌豆和23中的填充物铺在盘子里，把21中切下来的鸡肉放在上面。最后将17中过滤后的沙司放在盘子旁边即可。

15 将生菜和月桂叶也倒入锅中并加入刚好能覆盖住这些材料的水，煮到锅中的水干为止。最后加入少许盐和胡椒调味。

20 切掉鸡腿后从中间将鸡胸脯肉切开，把鸡翅膀根部的关节切断。

要点
防止把鸡烤过火候

把鸡放在托盘上，将托盘倾斜后如果有淡粉色肉汁流出，就说明鸡已经烤好了；如果流出来的是透明的肉汁，说明烤过了；如果是红色，说明鸡还没有烤熟。设定时间到了就要把鸡从烤箱中拿出来，因为烤箱的余热容易让鸡过熟。

16 制作沙司。把鸡从烤箱中取出后放在笊篱上，以过滤多余的油分，之后将铺在下面的蔬菜放入锅中轻炒。

21 按照图片中的方法将鸡胸脯肉取下来，另一半也采取相同方法。
※鸡胸脯肉都取干净后把骨架上剩下的肉也弄下来。

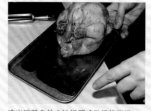

流出淡粉色的肉汁说明鸡已经烤好了。

制作法式西餐的技巧和重点㉕
捆肉绳的使用方法
用捆肉绳捆住肉可以防止肉被煮烂

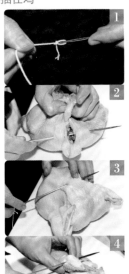

Brider
将填充物填到鸡肚里后捆住鸡

1 把捆肉绳穿在穿肉针上并在针眼附近打个结，打结的地方不要离针眼太近。

2 把填充物塞到处理好的鸡（P150）里面，把鸡屁股缝上以防填充物漏出来。

3 把鸡脖子上的皮拽到鸡背一侧，把鸡脖子上的皮和鸡背上的皮缝到一起。

4 把两个鸡翅膀折向背部，用鸡翅膀压住鸡脖子的皮，把鸡翅膀尖部分和鸡的身体紧紧地缝在一起。

5 鸡肚子朝上，把鸡的两个大腿掰向鸡屁股的方向并用绳子将两个鸡大腿绑在一起。最后将多余的绳子剪掉。

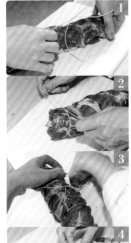

Ficeler
在烹饪大的肉块前将肉捆住

1 把捆肉绳环绕在手腕上，并有手抓住肉的一端。

2 把绕在手腕上的绳子套在肉块上，并在上面打个结。再重复1的动作，把绳子绕在手腕上。

3 接着再重复2的动作，一直重复2~3的动作，把肉捆成图片中的样子。

4 每一环之间的距离大约在3~4cm左右，每一环都要打一个结。

5 把肉翻过来再重复同样的动作。最后把绳子打个结，剪掉多余的绳子。

正确使用捆肉绳可以防止肉变形

Brider的意思就是用穿肉针和捆肉绳将所用的鸡等家禽缝住。收拾好整鸡后采用brider这种方法固定、调整鸡的形状。而ficeler则是用绳子捆的意思，把大块的牛肉或猪肉用绳子捆好后再烹饪。在烹饪肉或蔬菜时用绳子将其捆住可以使它们的大小均匀，煮熟的时间一致。

如果需要在肉里塞一些填充物，采用brider这种方法可以防止填充物漏出来。因为针很难穿过骨头所以在缝的时候最好避开骨头，只将皮缝在一起或将针在骨头之间的缝隙里穿过。缝的时候一定要缝紧，这样烹饪出来的鸡形状才会好看。缝完后记住要打个结实的结，这样绳子才不会松开，最后剪去多余的绳子即可。

Fricassée de poulet

法式炖鸡肉

整盘都是白色、素朴高雅的炖鸡肉

法式炖鸡肉

材料（4人份）

整鸡·····················1只（700g）
洋葱··························75g
胡萝卜························20g
大葱··························25g
白葡萄酒······················50ml
鸡汤··················
·········400ml（从下面的材料中取）
百里香························2枝
月桂叶························1片
淡色奶酪面糊（参照P86）·······30g
淡奶油························90ml
黄油·························10g
色拉油····················1勺（小）
盐、胡椒·······················各适量

制作鸡汤的材料

鸡骨架·····················1只鸡的量
洋葱（切成薄片）···1/4个（50g）
胡萝卜（切成薄片）·········50g
芹菜（切成薄片）···1/4根（25g）
百里香························1枝
月桂叶························1片
水·························1000ml

煮蘑菇的材料

蘑菇····················4个（30g）
鸡汤·························150ml
柠檬汁····················1勺（小）
盐、胡椒·······················各适量

煮小洋葱的材料

小洋葱·················2个（80g）
A 砂糖·····················2勺(小)
黄油·························10g
水··························适量
盐、胡椒·······················各适量

制作黄油米饭的材料

洋葱··························20g
大米·························180g
鸡汤··························适量
黄油·························15g
盐、胡椒·······················各适量

装饰材料

香叶芹························适量

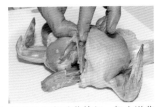

01 参照P150把鸡收拾好。把小洋葱带皮在水里泡一个小时左右。

02 把鸡翅膀从中间关节处切开。鸡肚子朝上，把刀从鸡大腿根处切进去。

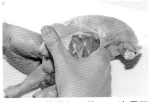

03 把大拇指伸进切口处，一边用拇指按压鸡大腿根一边用另一只手掰鸡腿，把大腿拧到像脱臼一样。

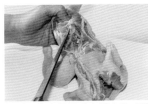

04 把剩下的连着的鸡大腿肉从鸡背面切下来，再将连着的骨头切断。另一只鸡腿也采取相同的办法。

05 把翅根部的肉切离背部(不用切断)，握住鸡背部的骨头，使背部的骨头和鸡胸部位分离。

06 沿着胸骨处从中间将鸡肉切成两半。切完后把每一半鸡肉上的胸骨去掉。把剩下的鸡骨架大致切一下，待会儿用来熬鸡汤。

07 把04中的鸡大腿和06中的鸡胸肉放到托盘里，均匀地撒上1/2勺（小）盐和少许胡椒，并用手揉搓。

08 制作鸡汤。把所有的材料都倒入锅中，煮至沸腾后用小火煮1小时左右，一边煮一边撇走上面的浮沫。煮好后用笊篱或网筛过滤。

09 煮蘑菇。用刀在干净的蘑菇表面刻上螺旋花纹，再将柠檬汁涂在蘑菇上。刻下来的蘑菇碎片一会用来做沙司。

要点

煎鸡肉的时候不要煎过头、鸡肉的颜色不要煎得太深

所需时间	难易度
120分钟	★★★

※不包括小洋葱泡水的时间

10 把08的鸡汤、柠檬汁、少许盐和胡椒放入锅中煮沸。煮沸后将火关掉，把09中刻好的蘑菇放入锅中，用余热把蘑菇煮熟。

11 煮小洋葱。将A、洋葱、少许的盐和胡椒、恰好能盖过洋葱的水放入锅中并加热，把水煮干即可。

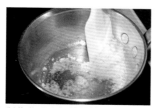

12 制作黄油米饭的材料。把黄油倒入锅中并加热，把已经切丁的洋葱倒入锅中翻炒，将洋葱的水分炒干后把洗好的大米倒入锅中。

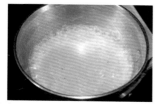

13 把08的鸡汤、少许盐和胡椒放入锅中，盖上锅盖后放入180℃的烤箱中烤13分钟左右。烤完之后再用火加热13分钟左右。

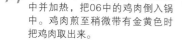

14 把色拉油和5g的黄油倒入煎锅中并加热，把06中的鸡肉倒入锅中。鸡肉煎至稍微带有金黄色时把鸡肉取出来。

15 洋葱、胡萝卜、大葱去皮后切成5mm大小的小块。

16 把14的煎锅中剩下的油用厨房吸水纸擦干净，加入5g黄油并加热。把15中的蔬菜倒入锅中，炒至金黄色。

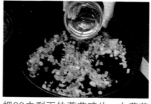

17 把09中剩下的蘑菇碎片、白葡萄酒倒入锅中，用锅铲上下翻炒。

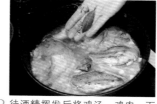

18 待酒精挥发后将鸡汤、鸡肉、百里香、月桂叶、少许盐和胡椒放入锅中，不用盖锅盖，用小火煮20分钟左右。

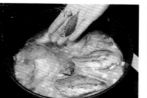

19 用竹签扎鸡肉，有透明的汁液流出时，把鸡肉放到另一个锅中。

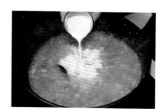

20 制作沙司。取出鸡肉后把锅里的汤煮到300ml左右，把淡奶油和淡色奶酪面糊倒入锅中以增加浓度。

21 把20用笊篱或网筛过滤到19的鸡肉上，用汤的余温给鸡肉加热。
※仔细过滤，将蔬菜吸收到的精华都过滤出来。

22 把蘑菇、切成两半的小洋葱、弄成球形的黄油米饭摆到盘子边上，再点缀上香芹叶。将鸡肉摆到盘子中央，最后浇上沙司。

要点
把鸡肉炖成好看的白色的方法

Fricasse意思就是白色炖煮菜肴的意思。这道菜的重点是要先将鸡肉煎一下以去除鸡肉和鸡皮之间多余的脂肪。煎出来的鸡肉颜色不宜过重，这样煮出来的汤汁才更美味。

煎完之后还要煮，所以煎完时鸡肉里面是生的也没关系。

菜肴名篇

Vichyssoise
奶油土豆汤
用黄油、土豆片、花束香料等煨煮而成，最后加奶油调匀冷却后食用。

Coulis
浓酱汁
蔬菜煮熟后捣碎、过滤而成。

Quenelle
橄榄形丸子
用鸡、鱼等茸，拌入鸡蛋、面粉、黄油等，用两支汤匙来回刮挖，做成
细长的橄榄球状。

Gratin
烙烤菜肴
把食材和沙司拌在一起后，放入烤箱烙制上色而成的菜肴。

Gratin dauphinois
多菲内风味烙土豆
专用烙菜盆内放入土豆片和奶油、牛奶等汤汁烹制而成，口感柔软香甜。

Glacee
裹有糖面的菜肴
用黄油、糖熬制成糖油汁包裹在蔬菜上烹制而成的菜肴。

Consomme
清炖肉汤
肉、洋葱、香芹等香味蔬菜熬制的汤过滤后，再加入蛋清煨煮出的透明
的汤汁。

Confit
油浸菜肴
把肉浸在从鸭、鹅或猪身上提取的油里，用小火慢慢烧煮而成的菜肴。
保存时在上面抹上一层油。

Gelee
肉冻、蔬菜冻、果冻
在液体中加入吉利丁片制成的果冻状菜肴。

Tapenade
普罗旺斯风味调味汁
普罗旺斯地区的特色酱汁。由黑橄榄、橄榄油、香草等调制而成。

Tiede
温热
Tiede的意思是微温的、温热的。等到加热的汤汁变成合适的温度时，
把汤汁浇在已经冷了的菜肴或食材上。

Rillettes
熟肉酱
把肉和猪油一起煮，煮熟后捣成肉酱。法国人经常把熟肉酱抹在面包上
食用或搭配葡萄酒一起食用。

Duglere
迪戈兰尔
人名，19世纪法国大厨，一般他创作的菜肴前面都要附上他的名字，菜
肴以鱼类居多。

Nouille
面条
包括意大利面等全部的面条。

Terrine
用瓦罐烹饪的菜肴
用法国特有的瓦罐烹饪的菜肴。冷却后形成果冻状作为凉菜食用，也可
以用烤箱加热后食用。

Bayeldi
烤番茄西葫芦
把用调味料腌制过的西葫芦、番茄等蔬菜放入烤箱中烤制而成。

Pate
馅饼
用馅饼皮或酥皮面等包入鹅肝馅或肉泥馅，揉捏成一定的形状，涂蛋
液、入烤箱烘烤而成的馅饼。

Papillote
纸包菜肴
把食材用铝箔或油纸包起来后烘烤。

Bisque
虾（蟹）酱浓汤
带壳的虾或蟹等，先旺火煸炒，边炒边捣碎，加入白葡萄酒、淡奶油调味。

Puree
泥（酱）
豆类、蔬菜、肉类等制成的泥、酱。

Fondu
涮制菜肴
煸炒至酥软（烂）的蔬菜。也指溶化的东西。

Fricassee
烩肉块
用白（浅）色沙司烩制的鸡肉块或牛肉块。

Beignet
炸制菜肴
蔬菜、水果、肉、鱼等裹上外衣再炸或煎的食物，或直接煎炸面团而成
的糕点。面糊由小麦粉、水、油、蛋清泡等调制而成。

Paupiette
肉卷、蔬菜卷
把肉或蔬菜等卷成卷，经焖烤或煎或蒸等烹饪方法做成的菜肴。

Potage
汤
一切汤的总称。牛肉清汤、奶油土豆汤都可以称为potage。

Mariner
腌制
把食材放到调味汁里浸泡，使其入味或消除腥味。腌制时所使用的调味
汁的法语为marinade。

Duxelles
蘑菇酱
冬葱、洋葱、蘑菇等切丁后用黄油炒制而成。

Côtelettes d'agneau poêlée à l'estragon

龙蒿风味煎小羊排

这道菜的重点是要把带骨的羊羔的脊背肉（四角形）弄成适当的形状

龙蒿风味煎小羊排

材料（2人份）

羊羔的脊背肉（四角形、带骨头）……
…………………………1/2块（500g）
龙蒿…………………………………1根
黄油……………………………………5g
橄榄油……………………………2勺（小）
盐、胡椒……………………………各适量

熬小羊汤汁的材料

羊羔的筋或骨头……从前面的肉中取
洋葱………………………3/4个（150g）
胡萝卜………………………………50g
芹菜…………………………………20g
红葱头（或洋葱）…………………20g
番茄…………………………………120g
大蒜………………………………1瓣
番茄酱……………………………4勺（小）
小牛汁（参照P30）………………120ml
清汤（参照P70）…………………500ml
白葡萄酒……………………………50ml
月桂叶………………………………1片
百里香………………………………1枝
黄油……………………………………5g
色拉油……………………………1勺（小）

制作龙蒿沙司的材料

红葱头（或洋葱）…………………10g
小羊汤
……（从前面的羊汤中取出）150ml
白葡萄酒……………………………40ml
龙蒿叶…………………………1/2根的量
水溶性淀粉…………………………适量
黄油……………………………………8g
盐、胡椒……………………………各适量

制作土豆饼的材料

土豆………………………………2个（300g）
黄油…………………………………25g
色拉油………………………约3勺（大）
盐、胡椒……………………………各适量

制作布鲁塞尔风味芽甘蓝的材料

火腿…………………………………30g
芽甘蓝………………………8个（70g）
清汤…………………………………200ml
黄油……………………………………5g
盐、胡椒……………………………各适量

装饰材料

龙蒿…………………………………1根

01 参照P142收拾好羊羔的脊背肉。

02 把肉切成跟图片中一样的4块。去掉羊肉表面厚厚的白色脂肪。
※从骨头缝处把肉切开，切的时候注意把肉切成均等的分量。

03 把02中的羊肉放在托盘上，将撕碎的龙蒿叶撒在上面，再把一小勺橄榄油、少许盐和胡椒涂在羊肉上，放置30分钟。

04 熬小羊汤的材料。剩下的筋和骨头用来熬制小羊汤（小羊汁），将连在一起的骨头切开。

05 将洋葱、胡萝卜、芹菜、红葱头切成5mm大小的小块，番茄切成稍大的块。把大蒜剥皮去芯后压碎。

06 把黄油和色拉油倒入煎锅中并加热。用大火把羊骨头炒上色。
※一边把油浇到骨头上一边翻炒。

07 把05中除了番茄以外的蔬菜倒入锅中，炒上色后用笊篱捞出以漏掉多余的油分。

08 把07中捞出的材料倒入锅中，将白葡萄酒倒入锅中，给锅加热使酒精挥发。

09 把番茄、番茄酱、月桂叶、百里香、小牛汁、清汤倒入锅中，用小火煮30分钟左右。

要点

煎出有弹性的小羊排

所需时间	难易度
*90*分钟	★★☆

※不包括小洋葱泡水的时间

10 把09用笊篱或网筛过滤，把材料和汤分开。
※过滤的时候用锅铲按压材料，挤出全部汤汁。

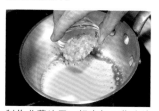

11 制作龙蒿沙司。锅中加入黄油并加热，把切丁的红葱头倒入锅中，炒至变色。

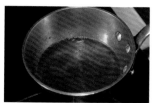

12 将白葡萄酒倒入锅中，待酒精挥发后将10中的小羊汤、少量的盐和胡椒倒入锅中。

13 将切成碎末的龙蒿叶倒入锅中。
※如果汤不够浓，需加入适量的水溶性淀粉。

14 制作土豆饼。削掉土豆皮后把土豆切丝。
※不要把土豆泡在水里，以免土豆中的淀粉流失。

15 把切好的土豆丝放入碗中，撒入少许盐，放置10分钟。挤出其中水分，把溶化了的黄油倒入其中，再撒入少许盐和胡椒。

16 准备两个直径为8cm的专用模型，在模型内侧涂上黄油。

17 将色拉油倒入锅中并加热，把16中的模型放在锅里，将15中的土豆丝平整地填入模型中。当土豆饼煎至金黄色时把模型取下。

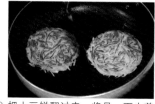

18 把土豆饼翻过来，将另一面也煎成金黄色。煎熟后将土豆饼放在厨房用吸水纸上以去掉多余的油分。

19 制作布鲁塞尔风味芽甘蓝。将芽甘蓝变色的部分去掉，把芽甘蓝切成两半。将火腿切成8mm大小的小块。

20 锅中倒入黄油并加热，倒入芽甘蓝和火腿，轻轻烹炒后将清汤倒入锅中。

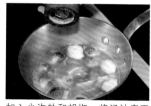

21 加入少许盐和胡椒，将汤汁煮干即可。

22 将黄油和一小勺橄榄油加热，把03中的小羊排放入锅中煎。
※骨头周围不容易熟，煎时可以将锅中油浇在上面。

23 用手按压羊肉，羊肉很有弹性时即可，煎好后把小羊排放在厨房用吸水纸上，去除多余的油分。

24 将18和21摆在盘子里，再把23中的小羊排放在上面。将13中的龙蒿沙司倒在盘子中的空余地方，最后把龙蒿点缀在上面即可。

法式西餐中特有的材料——羊羔肉

试着挑战一下，把羊羔的脊背肉（羊排）切成漂亮的形状

先把肉从冰箱里拿出来。将刀沿着脊椎骨竖着切进去。

把靠近脖子一侧的肉里面的半月形软骨去掉。用刀一点点切掉软骨周围的肉，最后将其取出即可。

用抹布将漏出来的肋骨擦干净。

把肉立起来，用刀把脊椎一点点切离。切的时候要切干净，不要把肉留在上面。

把肋骨一面朝上，从末端3cm处横着切入，再沿着肋骨竖着切入。

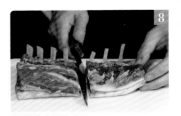

将肉切成两半。再将每根肋骨切开，切的时候要尽量让每块肋骨上的肉几乎均等。

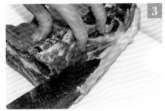

把脊椎骨附近留下的筋头切掉，筋头很硬会影响口感。

沿着5中刀切的痕迹将肋骨末端的肉剥离，让骨头露出来。

切好后观察一下，如果肉上面的脂肪太厚的话就将脂肪切掉。

羊肉的特点和最佳烹饪方法

羊肉可以分为羊羔肉（lamb）和成年羊肉（mouton）。一般羊羔肉是指出生不到一年的小羊的肉，尤其是几乎以母乳喂养大的1~2个月大的羊羔特别珍贵。成年羊肉是指1~7岁大的羊身上的肉。与成年羊肉相比羊羔肉的口感柔软、嫩滑，颜色也较淡。

羊羔肉可以分为颈肉、肩肉、脊背肉（羊排）、腰肉、胸脯肉、大腿肉等部位。羊羔的大腿肉口感柔软，脂肪含量也很少，含有肋骨的羊羔的脊背肉部分也叫做羊排，沿着肋骨切开来的部分叫做带骨大排。羊肉的最佳烹调方法就是煎炒或烧烤。

在处理带骨大排时要去掉多余的脂肪和筋头，在末端留出一部分骨头。留出的骨头上一定要弄干净，上面的残留肉一旦烧焦，将影响整道菜的效果。

Couscous Royal

古斯古斯炖羊羔肉

羊汤和粗麦粉的绝妙搭配！

古斯古斯炖羊羔肉

材料（2～3人份）

小羊肩肉	200g
鸡大腿肉	200g
洋葱	1/4个（50g）
胡萝卜	1/4根（40g）
茄子	1/3个(50g)
西葫芦	1/3个（50g）
芜菁	1个（100g）
番茄	1个（小、100g）
大蒜	1/2瓣
鹰嘴豆	30g
清汤（参照P70）	1000ml
孜然	1/3勺(小)
香菜子	20粒
黄油	2g
橄榄油	1勺（大）
盐、胡椒	各适量

蒸粗麦粉的材料

粗麦粉	120g
水	5勺（大）
辣酱（参照P214）	适量
橄榄油	1/2勺（大）
盐	适量

要点
将锅中的浮沫撇干净

所需时间	难易度
*140*分钟	★★★

※不包括浸泡鹰嘴豆的时间

02 把洋葱剥皮后切丁。

07 把孜然和香菜籽放到研钵中捣碎。把剥皮去芯后的大蒜压碎。

03 切掉芜菁的茎，把芜菁切成6等瓣。削掉芜菁的皮后把芜菁泡在水中，用竹签把芜菁根部的泥沙处理干净。

08 鸡腿肉里如果有软骨的话就将软骨切掉。切掉靠近鸡爪一方的筋头。

04 把西葫芦和茄子切成8mm厚的条状。

09 去掉多余的脂肪和鸡皮后将鸡腿肉切成2～3cm大小的小块。

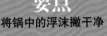

05 胡萝卜削皮后也切成8mm厚的条状。

10 去掉羊羔肉上多余的脂肪后将其切成3cm大小的小块。

01 将鹰嘴豆倒入150ml的水中，泡一个晚上。

06 切掉番茄的根部，将番茄放进沸水中煮，番茄煮卷缩后尽快把番茄放到冰水中冷却，剥去番茄皮，取出番茄子，将番茄切成2～3cm厚的块。

11 在切好的鸡肉和羊羔肉上各撒上少许盐和胡椒，撒完后用手揉搓。

12 把黄油和1/2勺（小）橄榄油倒入煎锅加热，将鸡肉和羊羔肉倒入锅中烹炒，上色后将鸡肉和羊羔肉放在厨用吸水纸上。

17 时间到了后揭开锅盖，用勺子将漂在上面的油舀出，把05中的胡萝卜放入锅中，再煮5分钟左右。

22 蒸粗麦粉。把粗麦粉、4勺水（大）、橄榄油、适量盐放入碗中，搅拌均匀后放置10分钟左右。

13 将2勺橄榄油（小）、07中的大蒜、捣碎的孜然和香菜籽倒入锅中并加热。

18 5分钟后将04中的茄子放入锅中，再煮3分钟左右。

23 将粗麦粉倒入铺有蒸布的蒸锅中，不盖锅盖用中火蒸15分钟左右。然后将其取出，在上面撒上1勺水，用手将其拌匀后再蒸15分钟。

14 大蒜的香气出来后将02中的洋葱倒入锅中烹炒。洋葱炒到透明后将清汤倒入锅中。

19 3分钟后将03中的芜菁、04中的西葫芦、06中的番茄倒入锅中煮。

24 将21中的菜和汤盛到盘子里，最后再将粗麦粉盛入盘中。
※粗麦粉比较容易吸收汤汁，所以要最后盛。

15 将12中的羊羔肉和鸡肉倒入锅中。

20 煮沸后如果有浮沫，就用勺子撇出。向锅里加入一撮盐和少许胡椒。

错误
菜烧焦了

煮菜的时候用文火煮，如果看到菜要烧焦了，就往锅里加点水。煮的时候可以不时用锅铲铲锅底。

16 将01中的鹰嘴豆带水倒入锅中，盖上锅盖，用文火煮1.5小时左右。（压力锅煮15分钟左右）
※注意将漂在上面的浮沫撇出来。

21 捞出芜菁，用竹签扎一下，如果一下子就能扎透，说明菜已经煮熟了。

用大火煮，菜会煳的。

让蔬菜来个优雅的变身

为您介绍法式西餐中特有的蔬菜的切法

切成细丝

将蔬菜切成线状的细丝，长度在4～5cm之间。切的时候沿着蔬菜的纤维切比较容易。

切成细条状

切成棒状。通常是切成5mm×5mm（宽、厚），5～6cm长。根据用途的不同也可以再切得大一些。

雕刻蔬菜用于装饰

将刀刃放在蔬菜的中心位置，一边转手腕一边在上面刻纹路。在刻的同时将蔬菜往反方向转。

切丁

将材料切成非常细小的小块。此外，还有将材料切成细末的用法。

切成块状

切成立方体。其中，有1cm见方的块状，也有2mm见方的块状。

切薄片

切成厚度为1～2mm的薄片。材料切成薄片后更容易熟，可以缩短烹饪的时间。

法式蔬菜切法

在法式西餐中蔬菜的各种切法都有不同的名字，这和日本类似。Rondelle就是切成圆形，julienne的意思是切成细丝，allumette是切成火柴棍状的意思。

切成块状的法语是des，其中切成1cm×1cm大小的称为macédoine，切成更小的块称为brunoise。在法国即使切法相同而大小不一样时，切法的名称也会相应改变。

在装饰性的切法中最具代表性的就是把蘑菇表面切成放射状的切法。此外，还有将西葫芦皮刻成条纹状，把土豆用雕花器弄出花纹等多种雕饰手法。

Coquelet grillé sauce au diable

魔王风味烤鸡

烤鸡搭配上称为"魔王"的辛辣调味汁

魔王风味烤鸡

材料（2人份）

整鸡·····················1只（700g）
面包粉·····················20g
切丁的香芹·········1/2勺（大）
百里香叶·········1/4枝的量
芥末·················1勺（大）
化好的黄油···············5g
色拉油·················少许

制作魔王风味沙拉的材料

红葱头（或洋葱）······1个（15g）
　番茄酱·········1/2勺（大）
A 白葡萄酒醋···········2勺（小）
　白葡萄酒·········50ml
小牛汁（参照P30）···150ml
辣椒粉·················少许
水溶性淀粉···········适量
黄油·····················5g
黑胡椒粒·················少许
盐、胡椒·················各适量

配菜的材料

小番茄·················8个(100g)
蘑菇·················4个(30g)
土豆·············1个半（200g）
植物油·················适量
橄榄油·················适量
盐、胡椒·················各适量

装饰材料

水芹·················1/2根

要点

烤鸡肉时将鸡皮朝下。

所需时间	难易度
90分钟	★★★

01 收拾整鸡。参照P150去掉鸡身上的绒毛和鸡屁股处的脂肪，取出鸡锁骨部分。

02 把鸡收拾好后切去鸡翅的翅尖。沿着鸡的脊骨，把鸡背切开。

03 把鸡翻过来，从切开的内侧打开平放在菜板上。用刀切掉鸡的脊骨。

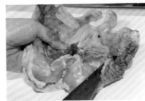

04 再次将鸡翻过来。用刀将鸡肋骨下面的细小的骨头取出来。

05 在鸡屁股两边的鸡皮上用刀扎两个洞。

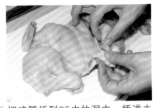

06 把鸡腿插到05中的洞中。插进去后整理一下鸡的形状。这种形状被称为"蟾蜍式"。

07 鸡皮朝下放在托盘上，把1/2勺盐、少许胡椒和色拉油涂抹在鸡肉上面。

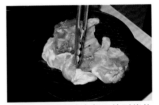

08 把07中的鸡肉鸡皮朝下放到烧热的烤锅（参照P4）中。
※放进锅中后不要挪动鸡肉，以防烤出的纹路歪。

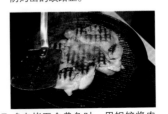

09 鸡肉烤至金黄色时，用锅铲将肉调转90度，在鸡肉上烤出格子形的纹路。然后翻面，将另一面也烤成格子纹路。

10 烤好后将鸡肉放在托盘上，用刷子将芥末涂在鸡皮上。
※因为还要再烤一遍，所以此时即便鸡肉没烤熟也没关系。

11 把面包粉、香芹丁、百里香叶倒入碗中并搅拌。

16 把15煮到剩下1/3的量时将小牛汁倒进锅中轻煮。

21 将土豆条炸至金黄色后用笊篱捞出，控出多余的油分后在土豆条上撒上少许盐。

12 把化好的黄油倒入碗中并搅拌均匀。

17 将水溶性淀粉倒入锅中以增加浓度。

22 用刷子将蘑菇表面的污垢刷干净。

13 在烤箱板上铺上烤箱垫，把10中的鸡肉鸡皮朝上放在上面，将12抹在涂有芥末的鸡皮上并用手按压。

18 制作配菜。削去土豆皮后将土豆切成5cm长的细条。将土豆条泡在水中10分钟左右，待淀粉沉淀后将土豆条捞出并控干水分。

23 将蘑菇和小番茄放在一个容器中，将橄榄油和少许盐和胡椒涂在蘑菇和小番茄上。

14 把鸡肉放到230℃的烤箱中烤15分钟左右。烤完后用竹签扎一下肉比较厚的地方，如果有热气冒出，说明已经烤好了。

19 将土豆条放入180℃的热油中炸成淡黄色，大约3分钟后用笊篱捞出。

24 将23中的小番茄和蘑菇放在烤锅上，烤出格子纹路即可。

15 制作魔王沙司。把黑胡椒粒、切丁的红葱头、A放入锅中。

20 再次炸土豆条。将19中油的温度加热到200℃后将土豆条再次放入锅中炸2分钟左右。

25 把烤熟了的14中的鸡肉切成两半。将21、24和鸡肉盛到盘子里，再把魔王沙司倒在盘子里，最后摆上水芹即可。

处理整鸡的正确方法

在任何需要使用整鸡的菜肴中都必须要经历的第一道工序

1 清理工作

1 从鸡屁股的部位取下洞口附近多余的脂肪，把鸡肚子收拾干净。

2 把鸡放在煤气灶的火上烤以去掉鸡皮上的绒毛。

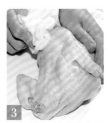

3 烤完后用干净的抹布将鸡皮擦干净。

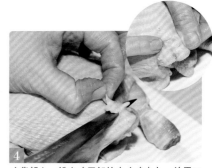

4 鸡背朝上，挑出鸡尾部的尖（鸡尖），并用刀将鸡尖及鸡尖周围的皮和脂肪切掉。

2 拉出鸡脖子

1 从鸡脖子处竖着划一道5cm长的口子。扒掉鸡脖子周围的皮。

2 扯开口子将鸡脖子拽出来，将鸡皮翻过来并取出里面的脂肪。

3 取出鸡的锁骨

1 鸡锁骨呈V字形。把鸡锁骨的部分用刀切开，将鸡锁骨上的肉刮下来。

2 把手指伸进去，将锁骨拽出来。取出来的骨头不要扔掉，可以用来熬鸡汤。

烹饪整鸡时必不可少的步骤

鸡、鸭、火鸡等家禽类的骨骼构造几乎差不多，所以收拾它们的方法也都差不多。在烹饪任何一种家禽前类似于处理整鸡的方法都是必不可少的。首先就是要将家禽的内脏、表面的绒毛、尾部的脂肪等这些不能吃的部分去掉，然后将剩下的部分擦拭干净。家禽的脖子周围有很多不宜食用的脂肪和皮，所以一定要清理干净。最后就是要将V字形的锁骨取出来，否则胸脯肉会很难切开。

根据菜品的不同鸡肉的处理方法也多种多样，比较常见的方法主要有两种：第一种是把整鸡从背后切开弄成一整块；第二种是将整鸡分出鸡胸脯肉和鸡大腿。不管采用哪种处理方法都要在烹饪前先把鸡收拾干净。

第4章
主菜中的鱼类菜肴

法式西餐的历史（20世纪后半叶~21世纪）

有别于以往的新菜肴风尚

现代法式西餐

"本土化"和"全球化"是近年来法式西餐的关键词。所谓本土化就是注重法国传统的地方食物，而全球化就是把世界各国、特别是亚洲各国的饮食文化融汇到法式西餐中。最近在法国运用芥末、柚子、生鱼片等日本特色食材的厨师也越来越多。

法式西餐变革的背景

20世纪70年代法式西餐兴起了一场清淡风潮，人们开始减少食用油脂和口味浓重的沙司，更注重发挥食材的原味。从这时开始，法国的大厨们开始引入日式的烹调方法，其中约德拉贝诺是最先使用"蒸"这种烹饪手法的，从此以后这种方法被广泛使用。

《米其林指南》（Le Guide Michelin）

《米其林指南》是法国知名轮胎制造商米其林公司所出版的美食及旅游指南书籍的总称，其中以评鉴餐厅及旅馆，书皮为红色的"红色指南"（Le Guide Rouge）最具代表性。1900年创刊时，是一本"驾驶指南"，主要刊载地图、加油站、旅馆、汽车维修厂等等有助于汽车旅行的资讯。1926年《米其林指南》开始将评价优良的旅馆特别以星号标示，它的评价等级共有三星、二星、一星、无星四个标准。米其林公司为了维护评鉴的中立与公正，所派出的评鉴员都是乔装成普通顾客四处暗访，借此观察店家最真实的一面，《米其林指南》评鉴的权威性由此建立。很多餐厅都以获得三星评价为目标，并为此不懈努力。

《米其林指南》创刊号封面。现在还有纽约版和日本版。

获得《米其林指南》认可的伟大的主厨们

保罗·博古斯

1926年生于法国里昂近郊，费尔南·普安（P96）的弟子之一。不仅他本人获得了"米其林三星"的荣誉，以他名字命名的位于里昂郊区索恩河畔的家族餐厅，至今仍是很多名厨心中的圣地。

乔·卢布松

生于1945年，拥有"法国最佳厨师MOF"的称号。乔·卢布松在巴黎创建了自己的餐厅后以史上最快的速度获得了米其林三星的评价。世界各地的乔·卢布松餐厅总获得共25颗星，让他成为世界上星星总数最多的厨师。

阿兰·杜卡斯

生于1956年，是蒙特卡洛巴黎大饭店的总厨，他让饭店内的"路易十五餐厅"在1990年获得了三星的评价。其餐厅遍布世界各地，2000年位于日本千叶县的餐厅开始营业。

皮耶·加尼叶

生于1950年，1981年以他名字命名的"皮耶·加尼叶餐厅"获得了三星的评价。随后同名餐厅在巴黎开业并于1998年再次获得三星。

Poisson rôti et farci de légumes, sauce au poivron rouge

西班牙红椒沙司烤鱼

从背部切开虎头鱼

153

西班牙红椒沙司烤鱼

材料（2人份）

虎头鱼·······················2条（300g）
百里香·······························2枝
橄榄油····························1勺（小）
盐、胡椒····························各适量

制作蔬菜填充物的材料

洋葱······································30g
杏鲍菇···································70g
鸡蛋·······································2枚
淡奶油··························2勺（大）
格鲁耶尔奶酪··························15g
黄油······································10g
盐、胡椒····························各适量

制作西班牙红椒沙司的材料

西班牙红椒······························60g
洋葱······································40g
大蒜···································1/4瓣
清汤···································200ml
橄榄油····························1勺（小）
黄油·······································5g
盐、胡椒····························各适量

制作装饰蔬菜的材料

西班牙红椒······························10g
芹菜······································10g
扁豆······································15g
橄榄油··························1/2勺（小）
盐、胡椒····························各适量

要点

鱼头部分的鱼鳞也要清理干净

所需时间	难易度
*90*分钟	★★★

02 用厨房用剪刀剪去虎头鱼的背鳍、尾鳍、腹鳍、胸鳍。

03 从鱼的肛门部位向鱼头方向划开2~3cm的口子，找出肛门和鱼肠的连接部分后将其剪断。

04 用手掰开鱼鳃，将鱼鳃根部的薄膜剪断。

05 分别将两根筷子从鱼嘴插进去。为了能够夹出内脏，插的时候要紧贴着鱼鳃，插到肛门附近。

01 收拾虎头鱼。用刀刮下鱼鳞。
※鱼头部分的鱼鳞也要清理干净。

06 用筷子夹住内脏后，一手握住筷子一手握住鱼，两手慢慢地向反方向旋转，将内脏夹出来。

07 将鱼嘴对准水龙头，并按照图中的方法用将鱼洗净，洗的时候用筷子将鱼肚里面红黑色的鱼肉弄掉。洗完后用抹布擦干鱼身上的水。

08 将刀从背鳍部切入，沿着鱼中骨一直切到鱼肚子附近。
※注意不要把鱼肚子部分切下来，切的时候要小心。

09 把鱼翻过来，重复同样的动作。

10 把鱼打开，用剪刀剪断鱼中骨的根部后将其取出。用去刺器将剩下的鱼刺拔干净。

11 制作蔬菜填充物。用大火煮鸡蛋，沸腾后改成小火煮11分30秒。煮好后用流动的水使鸡蛋冷却，最后剥去鸡蛋皮。

12 把洋葱、杏鲍菇、鸡蛋切成5mm大小的小块。用擦丝器把格鲁耶尔奶酪擦碎。

17 用勺子将15中的菜填到鱼里面，再将格鲁耶尔奶酪放在菜上面。

22 把21中的菜稍微冷却后，将菜倒入搅拌机中搅拌。

13 将黄油倒入锅中加热，把洋葱和杏鲍菇按顺序倒进锅中炒。

18 将百里香放在菜中央后将鱼放到200℃的烤箱中烤15分钟左右。

23 搅拌好后将其倒入笊篱或网筛中过滤。过滤时可以用锅铲按压，这样沙司会更润滑。

14 洋葱炒成茶色后将切好的煮鸡蛋、淡奶油、少许盐和胡椒倒入锅中并搅拌均匀。

19 制作西班牙红椒沙司。把洋葱和西班牙红椒切成5mm大小的小块。大蒜剥皮去芯后剁成碎末。

24 制作装饰蔬菜。将西班牙红椒、去皮的芹菜、扁豆切成5cm长的棒状。

15 将14中的菜盛到碗里，把碗放到冰水中冷却。

20 将橄榄油、黄油、大蒜放入锅中并加热。大蒜炒香后将西班牙红椒和洋葱倒入锅中炒。

25 将少许的盐和胡椒撒在蔬菜上，再给蔬菜抹上橄榄油。用保鲜膜盖住蔬菜，将蔬菜放到微波炉中加热，约1分半后取出。

16 在烤箱板上铺上烤箱垫，将虎头鱼摆在上面并在上面撒上适量盐和胡椒，在鱼身上和鱼内侧涂满橄榄油。

21 炒好后倒入清汤，用小火煮15分钟左右，将蔬菜煮软即可。最后加入少许盐和胡椒调味。

26 将西班牙红椒沙司倒在大盘子里，把烤好的鱼放在盘子中央，最后将25中的蔬菜漂亮地摆放在盘子周围。

155

混合黄油

可以用来调节沙司的浓度

凤尾鱼黄油

材料

黄油·························· 50g
凤尾鱼酱···················15g
盐、胡椒···················各适量

制作方法

①把室温下的黄油装入碗中并用打蛋器搅拌。
②将凤尾鱼酱、适量的盐和胡椒倒入碗中并搅拌均匀。

蜗牛黄油

材料

黄油·························· 50g
红葱头······················ 8g
欧芹························· 8g
大蒜························· 3g
盐、胡椒···················各适量

制作方法

①把室温下的黄油装入碗中并用打蛋器搅拌。
②将切碎的红葱头、欧芹、大蒜、一撮盐和少许胡椒倒入碗中并搅拌均匀。

行政总厨黄油

材料

黄油·························· 50g
欧芹························· 3g
柠檬汁······················1勺(小)
盐、胡椒···················各适量

制作方法

①把室温下的黄油装入碗中并用打蛋器搅拌。
②将切碎的欧芹、柠檬汁、适量盐和少许胡椒倒入碗中并搅拌均匀。

酒香黄油

材料

黄油·························· 50g
红葱头······················ 8g
红葡萄酒····················60ml
浓缩肉汁（P214）
　或小牛汁（P30）··········· 6g
盐、胡椒···················各适量

制作方法

①把室温下的黄油装入碗中并用打蛋器搅拌。
②将切碎的红葱头和红葡萄酒倒入锅中，用小火将水分煮干。把浓缩肉汁、适量盐和少许胡椒倒入锅中后将火关掉。
③将冷却后的2和1倒在一起并搅拌均匀。

将黄油和材料混合在一起制成的新风味黄油

所谓混合黄油就是指把黄油和调味料、香味食材等混合在一起制成的黄油。溶化后的混合黄油可以当成沙司使用，也可以用于调节炖煮菜肴的浓度。此外，冷藏后固态的混合黄油可以用来装饰菜肴。需要冷藏时把保鲜膜弄成筒状后将黄油倒进去，放入冰箱中30分钟左右黄油就能完全凝固。

凤尾鱼黄油和蜗牛黄油经常用于烹饪甲壳类或贝类，行政总厨黄油和牛排等肉类食物比较搭配，酒香黄油一般在烤肉或烤鱼时使用。除了上述这些黄油外，还有把黄油和芥末混合在一起制成的芥末黄油，把黄油和羊乳奶酪（P176）混合在一起制成的羊乳奶酪黄油等多种混合黄油。把芥末黄油或羊乳奶酪黄油抹在法棍或咸饼干上就制成了最典型的法国吐司。

Calmar à la sétoise

赛特风味炖墨鱼

蒜泥蛋黄酱是这道菜的第二主角

赛特风味炖墨鱼

材料（2人份）

墨鱼	1只(300g)
洋葱	1/2个(100g)
大蒜	1/2瓣
水煮番茄（整个）	300g
清汤（参照P70）	300ml
白葡萄酒	5勺（大）
大蒜蛋黄酱	1勺（小）
橄榄油	1勺（大）
盐、胡椒	各适量

制作蒜泥蛋黄酱的材料

大蒜	1/2瓣
蛋黄	1个
水	1勺（小）
EXV橄榄油	4勺（大）
盐、胡椒	各适量

制作藏红花米饭的材料

切丁的洋葱	2勺（大）
大米	180g
清汤	适量
藏红花	少许
黄油	10g
盐、胡椒	各适量

制作鱼肠沙司的材料

墨鱼的肠子	从墨鱼中取出

装饰材料

意大利芹	适量

要点

墨鱼煮过火了反而会变得更硬

所需时间	难易度
*90*分钟	★ ★ ★

02 慢慢将墨鱼身体的软骨拽出来。

07 将墨鱼的身体部分切成环状，墨鱼鳍和墨鱼腿切成5mm～1cm大小的小块。把剥皮去芯后的洋葱和大蒜切丁。

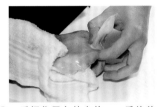

03 一手握住墨鱼的身体，一手垫着抹布握住三角形的鳍，将鳍从墨鱼身体上拽下来。

08 将1/2勺（大）橄榄油和大蒜倒入锅中并加热。大蒜炒香后把洋葱倒进锅里。

04 手上垫着抹布，慢慢地将墨鱼身体上的薄皮扒下来，最好不要把薄皮弄破。

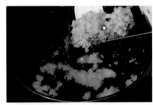

09 等到洋葱炒软、变色后将切好的墨鱼鳍和墨鱼腿倒进锅中炒。

05 找出墨鱼内脏中的墨囊，将墨囊慢慢取出来。把墨鱼的肠子放到一边，稍后还要用它做沙司。

10 将捣碎、过滤后的水煮番茄、清汤、白葡萄酒倒入锅中，煮50分钟左右，一边煮一边撇出漂在上面的浮沫。

01 收拾墨鱼。把手指伸进墨鱼的体内，将连接墨鱼腿和身体的筋拽开。一手按住墨鱼的身体一手拉住墨鱼腿，将墨鱼腿和内脏一起拔出来。

06 将墨鱼腿和内脏切开。用刀背将墨鱼腿的表皮和吸盘清理掉。

11 制作蒜泥蛋黄酱。把蛋黄和蒜泥倒入同一个碗中，再加入少许盐和胡椒。

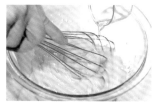

12 将EXV橄榄油慢慢地倒入碗中并用打蛋器搅拌，使之乳化。最后加入适量的盐和胡椒调味。

17 制作藏红花米饭。将洗干净的米用笊篱捞出来后放置一段时间，控干水分。

22 大米炒热后将19倒入锅中。
※倒的时候，如果火太大大汤会溅出来，所以在倒汤时要将火关小。

13 在07中切好的墨鱼身体上撒上少许盐和胡椒，并用手涂抹均匀。

18 把藏红花放到锅中稍微煎一下，用手将藏红花捏碎。
※藏红花易粘在手上，所以一定要保持手的干爽。

23 沸腾后盖上锅盖，将锅放入180℃的烤箱中烤13分钟左右。如果使用明火，用小火煮10分钟左右即可。

14 把1/2勺（大）橄榄油倒入煎锅中并加热，用大火炒13中的墨鱼。

19 将清汤、少许盐和胡椒倒入18的锅中并煮沸。

24 把直径为15cm的模型放在盘子中央，将23中的藏红花米饭盛到里面，在米饭的中央弄个小坑，把15盛到里面。将意大利芹摆在上面，最后在盘子周围点缀上12中的蒜泥蛋黄酱和16中的鱼肠沙司。

15 把14中的墨鱼倒入10中的煎锅里，再将12中的蒜泥蛋黄酱倒入锅中以增加汤的浓度，随后将火关掉。

20 在另一个锅中倒入黄油并加热，将切丁的洋葱倒进锅里炒。

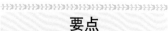

要点

慢慢地将墨鱼鳍拽下来

将墨鱼鳍从墨鱼身体上拽下来时不用使用太大力气，否则容易把墨鱼身体撕破。用拇指和食指固定住墨鱼身体后可以慢慢将墨鱼鳍拽下来。

16 制作鱼肠沙司。用锡箔纸包住05中的鱼肠后将其放到烤箱中烤8分钟左右。

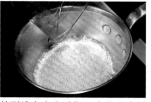

21 炒到没有水分时将17中的大米倒入锅中并把大米炒热。

一边按住墨鱼身体，一边将墨鱼鳍拽下来。

了解烹饪前的预备工作和最后阶段的收尾工作

重要的工序之一! 虽然简单但决定着菜肴的品质

勾芡 把小麦粉、奶酪面糊、蛋黄等倒进沙司或汤汁中以增加浓度。	**浇油** 烤鸡或牛排时会流出很多油来,将这些油浇到肉上继续烤。

勾芡时为了避免产生面块或干粉,应该立即将加入的材料搅拌均匀。用水溶性淀粉勾芡时需要等到液体沸腾后再将其倒进去,一边倒一边搅拌均匀。

用勺子将煎锅或烤箱板底下的油舀出来,把油浇到不容易熟或容易烤干的地方。

溶解 炒完肉或蔬菜后将小牛汁等汤汁倒进锅中,以溶解汇集在锅底的精华。	**撇去浮沫** 在炖煮食物时撇去漂在上面的浮沫。浮沫中带有涩味会影响菜的味道。

炒肉或蔬菜时它们的精华都汇集到锅底。在烧焦之前一边将液体倒入锅中一边用锅铲铲锅底让锅底的精华溶解到液体中,这样做出来的菜肴会更美味。

用舀勺撇去汤汁里的白色泡沫。把撇出来的浮沫装进一个碗中,吹去表面上的浮沫后将剩在勺子里的汤汁倒回锅中。

熟练运用各种烹饪方法

　　法式西餐中除了炒、煮等主要烹饪方法外,还有如烹饪前的预备工作、最后阶段的收尾工作等许多必不可少的程序。每道工序都有相应的名字,例如蒸(P66)、油煎(P188)等,下面为大家介绍本书中使用到的程序。

　　把材料从汤汁中取出叫做盛出,是把煮好或炒好的材料全部取出来,盛到别的容器中,熬煮

剩下的汤汁时采用的方法。扎孔(Piquer)是指用叉子在生派皮或肉上扎一些小孔,这样可以让较厚的生派皮或肉更容易入味,熟得会更快一些。切去肉上多余的脂肪(degraisser)是在烹饪前的预备阶段经常会用到的方法,就是切掉鸡肉或猪肉等肉类多余的脂肪。Degraisser还有清除锅中残留的油的意思。

Saumon en croûte, sauce Choron

肖龙沙司派包鲑鱼

香甜的派与柔软的慕斯的组合

肖龙沙司派包鲑鱼

材料（2~3人份）

鲑鱼上侧的鱼肉（生）········ 200g
西葫芦··················· 1/2个（75g）
生派皮（冷冻）··············· 300g
高筋面粉···················适量
打好的鸡蛋··················适量
莳萝·······················1/4根
龙蒿·······················1/4根
橄榄油················· 1勺（小）
盐、胡椒·················各适量

制作开心果扇贝慕斯的材料

扇贝贝柱················7个（200g）
开心果······················ 10g
蛋清················ 1/2个鸡蛋的量
淡奶油····················· 100ml
盐、胡椒·················各适量

制作肖龙沙司的材料

红葱头（或洋葱）······· 1个（15g）
蛋黄·························2个
白葡萄酒醋·················· 40ml
水························· 10ml
番茄酱················· 1勺（小）
切丁的香草（龙蒿、香叶芹）·······
························· 2/3勺（大）
龙蒿茎·······················1根
黄油······················· 140g
盐、胡椒·················各适量

装饰材料

莳萝·······················适量

要点

将生派皮放到冰箱里醒一下

所需时间	难易度
120分钟	★★★

01 将鲑鱼削成3mm厚的薄片。
※最后削去鱼皮，一手按住鱼皮，一手将刀放入鱼肉和鱼皮之间，把鱼肉从鱼皮上削去。

02 把切好的鱼肉摆到托盘里，将撕碎的莳萝、龙蒿、适量盐和少许胡椒撒到鱼肉上，再将橄榄油涂到上面。将托盘放到冰箱冷藏15分钟。

03 将西葫芦切成1~2mm的薄片。把适量的盐撒在西葫芦片上后将其放在厨房用吸水纸上。

04 将红葱头剥皮后切丁。

05 往面板上撒一些高筋面粉，将解冻后的生派皮放在上面。用压面器(pie roller)将派皮以7：3的比例切开。

06 把大块的生派皮擀成厚3mm，大小为20×40cm；将小块擀成厚2mm，大小为15×35cm。擀好后放到冰箱里醒一下。

07 制作开心果扇贝慕斯。切掉扇贝贝柱上的白色部分。
※煮熟后白色部分会变得很硬。

08 将扇贝、适量盐和少许胡椒倒入食物处理器中搅拌。

09 搅拌细腻后将蛋清和淡奶油分两次倒入食物处理器中并再次搅拌均匀。

10 将09装到碗里，把切碎的开心果倒入，用锅铲将它们搅拌均匀。

11 用刷子将鸡蛋涂在06中小块派皮上。
※鸡蛋主要起到粘合作用，涂上薄薄的一层即可。

12 将1/3的鲑鱼（从冰箱中取出的02中的鲑鱼）摆在小块派皮上，用锅铲将10中的慕斯放在鲑鱼上面。

13 将剩下的2/3的鲑鱼放在慕斯上，将西葫芦片紧密摆在鲑鱼上。
※派皮如果变干了需再抹上一些鸡蛋在上面。

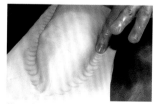

14 将06中的大块派皮盖在上面，用手指按压周围以防慕斯流出，在上面裹上保鲜膜后将其放入冰箱冷藏30分钟左右。

15 在周围留下2cm长的派皮，将派弄成鱼的形状。除了鱼鳍和鱼尾部分外，用刀将周围等间隔划开。

16 把鸡蛋涂在派皮上面后，用14中切下来的面做成鱼的眼睛、嘴、鱼鳃并贴在派皮上面。用圆形的瓶盖在派皮上弄出鱼鳞的模样。

17 做好后将其放入230℃的烤箱中烤8分钟左右，让派皮在高温下膨胀。之后将烤箱的温度调至190℃，再继续烤20分钟左右。

18 烤好后将上面的派皮割下来放到一边。

19 制作肖龙沙司。参照P180制作澄清黄油。

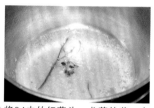

20 将04中的红葱头、龙蒿的茎、白葡萄酒醋和水倒入另一个锅中，煮到剩下45ml即可。

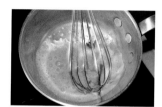

21 煮好后把火关掉，稍微冷却后将蛋黄倒入锅中，一边用打蛋器搅拌一边用小火加热，蛋黄变黏稠后将锅端下来。

22 将100g的澄清黄油慢慢倒入锅里面并用打蛋器搅拌均匀。

23 将番茄酱、少许盐和胡椒放入锅中，搅拌均匀后用网筛或过滤器过滤。

24 将过滤后的沙司倒入碗中，把切丁的香草倒进去并搅拌。
※时间长了，香草容易变色，在要食用前再将香草拌进去。

25 把18中的派切开，再浇上肖龙沙司，最后摆上莳萝即可。

派皮和酥皮面团的多种用途

烹饪菜肴时剩下的派皮和面团可以用来制作甜点

塔坦姐妹苹果塔

酥皮面团

材料

酥皮面团（P80）
············· 100g

A ［ 水 ··········· 30ml
  ［ 砂糖 ········· 30g

苹果··· 7个（1kg）
砂糖············· 75g
黄油············· 75g
香草豆荚···· 1/2根

制作方法

❶ 将酥皮面团弄成4mm厚后在上面扎孔，面团要比苹果塔专用烤盘的直径大，弄好后将面团放在冰箱里醒一下。

❷ 把1中的面团放到200℃的烤箱中烤20分钟左右，烤好后放置冷却。

❸ 将A倒入苹果塔专用烤盘或者能放进烤箱的小锅中，加热至变成茶色后将其冷却。

❹ 将黄油和砂糖倒入煎锅中，加热到变成茶色。

❺ 把切成瓣状的苹果和切开的香草豆荚倒入煎锅中，用小火炒15分钟左右，让水分蒸发。

❻ 将冷却后的3和5放入160℃的烤箱中烤50分钟左右，烤好后将其冷却以固定形状。

❼ 将6倒在2中烤好的面饼上并切掉多余的面饼。

千层派

派皮

材料

派皮（冷冻）·······
··················· 150g
细砂糖········ 适量
高脂淡奶油···250g
（做法在下面）
君度酒········ 15ml
（P214）
淡奶油······ 100ml

制作方法

❶ 把派皮做成与40×30cm的烤箱板相适应的大小，将派皮放到冰箱里醒15分钟左右。

❷ 将1中的派皮放到200℃的烤箱中烤10分钟，将烤箱温度调至180℃后再烤10分钟。

❸ 烤完后将派皮翻过来，将细砂糖撒在上面。再将派皮放到210℃的烤箱中烤7分钟，把砂糖烤化。

❹ 烤好后将派皮冷却，并将派皮切成9×30cm的长方形。

❺ 将高脂淡奶油、君度酒、起泡的淡奶油装入挤花袋中。

❻ 用派皮夹住5，最后可以按照个人的喜好将樱桃、香草、细砂糖等点缀在千层派上。

高脂淡奶油的做法

材料

牛奶··········· 250ml   低筋面粉········ 25g
香草豆荚····· 1/4根   蛋黄············· 3个
砂糖············· 75g

制作方法

❶ 把牛奶和香草豆荚倒入锅中并加热。

❷ 把蛋黄和砂糖倒入碗中搅拌，再将低筋面粉和1慢慢倒进碗里。

❸ 将2过滤到锅中，用中火将其煮稠。

派皮和酥皮面团既可以用来烹饪菜肴也可以用于制作甜点

派皮和酥皮面团经常会出现在法式西餐的食谱中，它们的使用方法很多。例如蛋饼派中派皮的主要功能相当于盖子，盖住里面的汤；法式咸派中的酥皮面团则起容器的作用；烤派包中派皮则主要是起到将材料包裹起来的作用。当然除了上述功能外，它们还可以用来做蛋挞、千层派等甜点。

派皮主要有千层酥皮（叠层面皮）和简易千层酥皮（简易叠层酥皮）两种，烹饪菜肴时一般使用的是前一种。法式馅饼的面基主要可以分为不加糖的酥皮面团和加糖的甜面团两种。制作法式咸派时应该使用不加糖的酥皮面团。派皮和法式馅饼的面基可以在市面上买到。

Filet de sole Dugléré

迪戈兰尔比目鱼

伟大的主厨——迪戈兰尔创造的菜肴

迪戈兰尔比目鱼

材料（2人份）

比目鱼	2条（200g）
番茄	1个（150g）
红葱头（或洋葱）	20g
洋葱	1/4个（50g）
欧芹叶	1/2根的量
白葡萄酒	50ml
鱼高汤	150ml
淡奶油	4勺(小)
水溶性淀粉	适量
黄油	75g
盐、胡椒	各适量

熬制鱼高汤的材料

比目鱼骨头	从前面的比目鱼中取出
洋葱	15g
红葱头（或洋葱）	5g
芹菜	10g
水	300ml
A 柠檬圆片	1片
白葡萄酒	50ml
欧芹茎	1根
百里香	1枝
月桂叶	1片
白胡椒粒	8粒

配菜的材料

鸡蛋面条（参照P168）	100g
溶化的黄油	5g
盐、胡椒	各适量

装饰材料

香芹	适量

要点
将黄油倒入沙司后立即搅拌

所需时间	难易度
100 分钟	★★★

01 收拾比目鱼。为了防滑先在比目鱼的鱼嘴附近撒上少量盐，一手捏住鱼嘴，一手揭开黑色的鱼皮，将鱼鳞和鱼皮全部揭下来。

02 用同样的方法将另一边的白色鱼皮和鱼鳞也全部揭下来。或者一手按住鱼头，一手垫着干抹布将鱼皮整个揭下来。

03 切掉鱼头。将鱼头泡到冰水里以除去里面的鱼血。

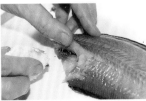

04 用抹布或厨房用吸水纸将鱼头附近残留的血擦干净。

05 将比目鱼切成5块。沿着上身鱼鳍的根部划一刀（鳍骨），同样沿着另一侧的鱼鳍（相对的鱼鳍）的根部划一刀。

06 切到鱼中骨附近后将鱼肉割下来，继续沿着中骨将另一半的鱼肉也割下来。

07 把鱼翻过来，采取同样的方法将下身的鱼肉也割成两块。经过05～07，比目鱼被分成了上身2块、下身2块、中骨，共5个部分。

08 鱼中骨切成3段后将其放入泡有鱼头的冰水中。

09 用刀在靠近鱼皮的鱼肉表面划几刀（将筋切断）。将适量盐和少许胡椒均匀地撒在鱼肉上。
※若不将筋切断，鱼肉会卷缩。

10 把上身的一块鱼肉和下身的一块鱼肉重叠在一起，鱼皮部分朝里将鱼肉两端折起来。剩下一组鱼肉也采用相同的方法。

11 熬制鱼高汤。把洋葱、红葱头、芹菜切成2~3mm宽的薄片。

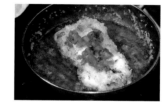

16 盖上锅盖，用小火将鱼肉煮熟。

21 将溶化的黄油、少量的盐和胡椒放在一个碗里。

12 把水、11中的蔬菜、08中的鱼头和鱼中骨、A倒入锅中并加热，煮沸后改成小火煮20分钟左右。
※用勺子将浮沫撇出来。

17 把煮熟的鱼肉捞出来后用中火将汤汁煮到剩1/3的量，再将淡奶油倒入锅中。

22 把煮好的面条盛到碗里，用食物夹将面条搅拌均匀。

13 把5g黄油倒入锅中并加热，分别将一半去皮后切成5mm大小的番茄、切丁的红葱头、欧芹、洋葱倒进锅中。

18 将淡奶油搅拌均匀后把火改成小火，把70g黄油倒入锅中并用打蛋器搅拌使其乳化。向锅中加入少许盐和胡椒。

23 将22中的面条铺在盘子里，把17中的比目鱼肉放在面条上。把19中的沙司浇在鱼肉上，最后将香芹点缀在上面。

14 把10中的比目鱼放入锅中后再将剩下的番茄、红葱头、洋葱倒进锅里，最后将欧芹撒在上面并将白葡萄酒也倒入锅中。

19 黄油全部溶解后将水溶性淀粉倒入锅中以增加汤汁的浓度。

要点

制作沙司时的
注意事项

将黄油倒入锅中后应立即用打蛋器搅拌。如果不搅拌，黄油的油分会漂到汤汁表面并和汤汁分离；搅拌慢了，黄油和汤汁也不能均匀地混合到一起。

15 用笊篱或网筛把12中的鱼高汤过滤到锅里。

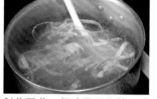

20 制作配菜。把鸡蛋面条放入沸水（放入1%的盐）中煮3分钟左右。

在黄油溶化前就应该开始搅拌。

尝试用小型压面机制作面条

试着在家里做法式面条

鸡蛋面条

材料
高筋面粉… 90g
鸡蛋……… 1枚
盐………… 少许

制作方法

① 将高筋面粉、鸡蛋、盐放入同一个碗中并用叉子搅拌。

② 把1放到面板上揉匀。

③ 用保鲜膜包裹住面团后，将面团放入冰箱中醒20分钟左右。

④ 用擀面杖将面擀成1cm厚的面饼。

⑤ 将压面机齿轮的齿轮的齿距调节到最大开始压面。

⑥ 再将齿轮的齿距调到中间压出厚度是面饼厚度一半的面条。

⑦ 将面饼折起来，重复5、6的动作，慢慢将齿轮的齿距调小直到压出面条的厚度达到1~2mm。

⑧ 没有压面机，可先将面饼晾20分钟左右，再将面饼切成1cm宽的面条。

没有压面机的情况

完成第3道程序后，用干净的毛巾将面团包住，再放置30分钟以上。把面团放到铺满面粉的面板上，用擀面杖将面团擀成1~2cm厚的面饼。最后用切面器将面切成1cm宽的面条。

要点

使用压面机压面条时不能用手去拽面条。受到外力拉扯的话面条很容易断掉。

便利的配菜——法式面条

面条的法语为nouilles。筋道有弹性的法式面条经常与主菜中的肉类、鱼类菜肴搭配在一起食用，是法式西餐中主要配角之一。

将面团擀成面饼后不要马上切面条，把面饼在常温下晾20分钟左右后再切会比较容易。擀面的时候不要一下子擀完，可以分几次，这样面的厚度会比较均匀，切出来的面条比较匀称。

如果有压面机，做面条就比较省时省力。压面机有电动式和手动式两种，手动式相对比较便宜，初学者可以买来尝试一下。如果面条做多了，可以先将面条在常温下晾20分钟，再用保鲜膜包住面条，把面条放到冰箱里冷藏，一般可以保存2~3天。

Daurade au gros sel, sauce d'anchois

凤尾鱼沙司盐烤鲷鱼

引起食欲的淡淡香草味

凤尾鱼沙司盐烤鲷鱼

材料（2人份）
鲷鱼·····················1条（500g）
鸡蛋清·····················40g
百里香·······················1枝
迷迭香·······················1枝
月桂叶·······················1片
橄榄油·····················1勺（大）
粗盐（或精盐）···········1.2kg
胡椒·······················适量

制作配菜的材料
西葫芦················1/2个（75g）
茄子··················1/3根（50g）
番茄················小1/2个（50g）
大蒜·······················1/2瓣
百里香·······················1/4枝
橄榄油·····················2勺（大）
盐、胡椒·················各适量

制作凤尾鱼沙司的材料
凤尾鱼酱················2勺(小)
水······················4勺（小）
柠檬汁·····················少许
黄油·······················50g
盐、胡椒·················各适量

装饰材料
香草（百里香、月桂叶、迷迭香）···
·····························各适量

要点

鱼马上要放入烤箱之前再将鱼用盐包上

所需时间	难易度
90 分钟	★ ★ ★

02 用厨用剪刀修理鱼尾鳍的形状，将鱼的背鳍、胸鳍、腹鳍剪掉。留下图片中腹鳍部分又长又粗的鱼骨。

03 揭开鱼鳃盖。用剪刀将鱼鳃盖上下的根部剪断。

07 在鱼身上也撒上百里香、迷迭香、月桂叶、胡椒，将橄榄油涂遍鱼身。把鱼在常温下放置20分钟左右。

08 将橄榄油涂在烤箱板上。

04 掀开鱼鳃盖后将里面的鱼鳃和鱼内脏拽出来。

09 将粗盐倒入碗中。为了使粗盐更容易定型，将蛋清倒入其中。

05 鱼嘴对准水龙头，把筷子伸进鱼肚将留在鱼肚子里的鱼泡扎破，将残留的内脏清理干净。水倒干净后用干净的抹布将鱼身擦干。

10 用两手将蛋清搅拌均匀。

01 收拾鲷鱼。用厨用剪刀在鱼的肛门处剪开1cm长的口子，把剪刀伸进去将与肛门连接的鱼肠剪断。

06 把鱼鳃盖打开，将百里香、迷迭香、月桂叶塞到里面以去除鱼腥。

11 将1/3的粗盐铺在08中的烤箱板上，粗盐的面积要比鲷鱼宽一圈，表面要平整。把07中的鲷鱼放在铺好的盐上。

12 用剩下的粗盐把鱼盖住，用手轻轻按压以固定形状。把包好的鱼放入200℃的烤箱中烤20分钟左右。

17 将直径为9cm的模型放到铺有烤箱垫的烤箱板上，用长筷子按顺序将西葫芦、茄子、番茄夹到模型里，将菜摆成图片中的样子。

22 沿着背鳍将鱼切成两半。把带有鱼鳞的鱼皮整个揭下来。鱼头上的肉也很好吃，把鱼头上的鱼皮也揭下去。

13 制作配菜。将西葫芦、茄子、番茄切成2mm厚的薄片。将大蒜剥皮去芯后压碎。

18 拿掉模型后把少量的盐和胡椒撒在菜上，把菜放入200℃的烤箱中烤5分钟左右。

23 不要将鱼肉弄碎，将鱼轻轻放到盘子里。不要忘记将鱼刺挑出来。

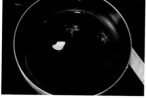

14 将橄榄油、大蒜、百里香倒入锅中并加热。

19 制作凤尾鱼沙司。将水、凤尾鱼酱、黄油放入锅中并加热。。

24 把配菜和鱼肉盛到盘子里。把百里香、月桂叶、迷迭香点缀在一边，再浇上凤尾鱼沙司即可。

15 大蒜炒香后将西葫芦和茄子放入锅中煎，把蔬菜的两面都煎成金黄色。

20 待黄油溶解并搅拌均匀后将火关掉，趁热将柠檬汁倒入锅中并搅拌。最后加入少许的盐和胡椒调味。

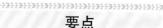

要点

防止鱼变太咸的方法

如果去掉鱼鳞后再用盐包住鱼烤，盐分会直接进入到鱼肉里，这样烤出来的鱼会非常咸。因此，鱼马上要放入烤箱之前再将鱼用盐包上，不要过早包好鱼。

16 煎好后将西葫芦和茄子放到厨房用吸水纸上，除去上面多余的油分。

将盐按严实后再将鱼放进烤箱中。

21 将鱼从烤箱取出后放置10分钟左右，用小锤子敲打周围的盐，将包在鱼上面的一层盐去掉。然后用刷子将沾在鱼身上的盐刷掉。

法式西餐中有哪些野味

法国人是怎样烹饪这些野味的

野禽

野禽是指生活在丛林、深山中的鸟类。

野鸽

在法国生活着大量的野鸽。不满1年的野鸽肉质非常柔软，很受法国人喜爱。烤和炖是烹饪野鸽时经常采用的烹饪方法。

山鹬

雉科鸟类中的小型野禽。未满8个月的山鹬被称为小山鹬。山鹬肉味道较清淡适于蒸煮，需要经过较长时间的加热后才能食用。

雉

雉科鸟类，俗称野鸡。1年以内的野鸡比较适于食用。烹饪野鸡的主要方法有烤串、烘烤（P188）、裹上锡箔纸后烤（P138）。

地面猎物

地面猎物是指除了野禽之外的野味。

鹿

法式西餐中使用的鹿肉几乎都是2年以内的。鹿肉味道强烈，适合与浓沙司搭配在一起食用。

野猪

1年以内的野猪肉比较适合食用，特别是六个月以内的野猪肉，肉质非常软嫩。野猪肉与猪肉味道很像，比猪肉稍硬些。

野兔

小型野味。香槟地区和加斯科尼地区是野兔的主要产地。野兔肉的味道较腥，一般需要用葡萄酒腌制后再烹饪。

现在很难吃到的野味菜肴

野味是法式西餐中比较特殊的食材。野味通常是指在狩猎中捕获的可以食用的野生动物，一般可以分为野禽和地面猎物两种。地面猎物一般是指长有皮毛的野味，野禽通常是指那些长有羽毛的野味，野鸡、野鸭、山鹬等鸟类都属于野禽。

法国的禁猎时间是每年的秋季和冬季。受各方面因素的影响野味的供应情况很不稳定，现在野味已经成为非常珍贵的食材了。由于野生动物数量的减少，指定禁止狩猎的野生动物也越来越多。其中丘鹬和斑鸫已经禁止在市面销售，当然在餐馆里也吃不到这些野味了。

韭葱沙司香烤白身鱼

面皮上的迷迭香是这道菜的重点

韭葱沙司香烤白身鱼

材料（2人份）

石鲈······························· 1条
盐、胡椒·····················各适量

制作蘑菇馅的材料

红葱头（或洋葱）············· 10g
蘑菇··················· 8个（60g）
菠菜····························· 40g
淡奶油···················· 4勺（小）
黄油····························· 10g
盐、胡椒·····················各适量

熬鱼汤的材料

石鲈的鱼骨············从石鲈中取出
A
┌ 洋葱························ 20g
│ 红葱头（或洋葱）·········· 10g
│ 蘑菇根······················ 8个
│ 柠檬片······················ 1片
│ 水······················· 350ml
│ 味美思酒（或白葡萄酒）···· 70ml
│ 欧芹茎······················ 1根
│ 百里香······················ 1枝
│ 月桂叶······················ 1片
└ 白胡椒粒···················· 3粒

制作混合黄油面皮的材料

切碎的大蒜····················少许
格鲁耶尔奶酪················· 10g
生面包粉····················· 30g
迷迭香························少许
黄油（室温）················· 30g
盐、胡椒·····················各适量

制作韭葱沙司的材料

韭葱（或大葱）··············· 60g
毛豆（冷冻的也可以）········· 25g
蚕豆（冷冻的也可以）········· 25g
清汤（参照P70）············ 120ml
味美思酒（或白葡萄酒）·········
·························· 2勺（大）
水溶性淀粉····················适量
黄油·························· 5g
橄榄油···················· 1勺（小）
盐····························适量

01 收拾石鲈。一边冲水一边刮去石鲈的鱼鳞，把水控干。在鱼鳃后面斜切一刀。

02 把鱼翻过来，采取同样的方法从鱼鳃后面斜切进去，把鱼头切下来。从肛门处向着鱼头方向将鱼肚子剖开，取出鱼的内脏。

03 用刀把鱼泡扎破。把鱼洗干净，洗的时候用竹签将残留的污垢清理干净。

04 打开鱼鳃盖，将里面的鱼鳃和内脏取出来。用刀或削皮器挖出鱼眼睛。

05 把刀伸进鱼嘴里后向下切开鱼头。摊开鱼头，再从中间将鱼头切成两半。把鱼头放到冰水里，将鱼头里的血洗干净。

06 把刀伸到切开的鱼肚子里，沿着鱼中骨向下切到鱼尾处。再从鱼背处切入，沿着鱼中骨把鱼肉切下来。

07 把鱼翻过来，采取同样的方法将鱼肉切下来。把残留在鱼肉上的大刺取出来，将大刺和切成段的鱼中骨放入05的冰水里。

08 拔去鱼刺，剥去鱼皮。把每块鱼肉切成两块，放在一起。将少许盐和胡椒撒在鱼肉上面。

要点
韭葱要用小火煮

所需时间	难易度
120 分钟	★★★

09 制作蘑菇馅。将焯过的菠菜、切掉根部的蘑菇、红葱头切丁。

10 将黄油倒入锅中并加热，把红葱头倒进锅里。红葱头炒出甜甜的香味后将蘑菇倒入锅中，用大火炒蘑菇。

11 蘑菇炒到变色时将菠菜、淡奶油、少量盐、一撮胡椒放入锅中，搅拌均匀后将火关掉。把弄好的蘑菇馅放到冰水里稍微冷却。

12 制作混合黄油面皮。用擦丝器将格鲁耶尔奶酪擦碎。把迷迭香叶切丁。

13 将黄油、生面包粉、12中的奶酪、迷迭香、大蒜、少许盐和胡椒放在同一个碗里并搅拌均匀。

14 用保鲜膜包住13，再用擀面杖将其擀平。取下保鲜膜，将面皮切成两块，大小与08中的石鲈差不多。

15 在托盘上铺上一层保鲜膜，将08中的鱼肉放在上面。再将11中的蘑菇馅放在鱼肉上，最后将14中的面皮盖在上面。

16 熬鱼汤。将放在07的冰水里的鱼头和鱼骨头、A中的材料都倒入锅中，煮沸后将漂在表面的浮沫撇去，用小火煮20分钟左右。

17 煮好的鱼汤用网筛或笊篱过滤。

18 在耐热容器表面涂上黄油，把15慢慢地移到容器中，将17中的鱼汤倒进容器里，鱼汤的高度达到石鲈高度的一半即可。

19 将容器放到230℃的烤箱中烤12分钟左右。烤好后将其放到铺有厨房用吸水纸的托盘上，除去多余的油分。

20 制作韭葱沙司。韭葱竖切成两半后用清水将葱洗干净，把葱切成1cm宽的小块。

21 把毛豆和蚕豆放入沸水（加入1%的盐）中煮好，取出豆粒并剥去薄皮。如果使用冷冻的毛豆和蚕豆，解冻之后再将薄皮剥去。

22 将黄油和橄榄油倒入锅中并加热，把20中的韭葱和适量盐放入锅中后用小火煮。

23 韭葱煮软后将味美思酒倒进锅中。待酒精挥发后将清汤倒入锅中，再煮5分钟左右。

24 将水溶性淀粉倒入锅中以增加沙司的浓度，再将毛豆和蚕豆倒进锅里并搅拌均匀。将韭葱沙司盛到在盘子里，把蚕豆和毛豆摆在周围，最后放上石鲈即可。

法国人经常食用的奶酪

可以作为甜点食用，对法国人来说是不可缺少的食材之一

1.布里亚—萨瓦兰

布里亚—萨瓦兰奶酪是法国诺曼底地区的特产，名称得自著名的美食家萨瓦兰。是一种味道独特，由口味浓郁的三种奶油组成的高脂肪食品，脂肪含量为75%。

2.格鲁耶尔奶酪

格鲁耶尔奶酪是一种硬质奶酪，原产于瑞士，是本书中经常使用的辅助食材之一。将弄碎的格鲁耶尔奶酪放到沙司里，可以调节沙司的浓度，还可以增加菜肴的风味。

3.孔特奶酪

孔特奶酪的正式名称是格鲁耶尔·德·孔特。孔特奶酪的生产过程管理非常严格，只有经过审查，达到品质标准的奶酪才能被称为孔特奶酪。法国是孔特奶酪的生产地。

7.洛克福奶酪

洛克福奶酪由山羊奶制成，是世界三大蓝霉奶酪之一。洛克福奶酪是在石灰岩山洞里发酵成熟的，所以奶酪中的水分和盐分含量较高。

6.帕马森奶酪

帕马森奶酪虽然是意大利产的奶酪，但却经常出现在法式西餐中。帕马森奶酪的制作过程最少需要2年，奶酪的名字根据制作年数来命名。

4.软酪

在牛奶中加入乳酸菌酿制而成。软酪口感较酸，与酸奶类似，搭配蜂蜜或沙司一起食用会更加美味。

5.奥弗涅霉奶酪

奥弗涅霉奶酪是发源于法国奥弗涅地区的蓝霉奶酪。奶酪上分布着很多青绿色的霉点，味道较辛辣，适合搭配甜面包一起食用。

被严格监管的法国奶酪

奶酪一词在法语和英语中都可以称为"fromage"。法国人几乎每餐都离不开奶酪。奶酪可以分为加工奶酪和天然奶酪两种，还可以进一步分为不经过成熟加工处理的新鲜奶酪、表皮覆盖蓝霉或白霉的蓝霉/白霉奶酪、用山羊奶制成的山羊奶酪、成熟期需要以盐水或酒频繁擦洗的水洗软质奶酪、制造过程中强力加压并去除部分水分的硬质未熟奶酪和硬质成熟奶酪这七种。

法国产的奶酪与葡萄酒一样被AOC（P214）严格监管着。只有忠实地按照当地的传统工艺在指定地区制造，香味和口感达到一定的品质的奶酪，才能被称为AOC奶酪。

土豆鳞片金线鱼

用土豆拼成鱼鳞的形状

土豆鳞片金线鱼

材料（2人份）

金线鱼（或鲷鱼）…… 1条（300g）
土豆 …………………… 2个（300g）
紫洋葱 ……………… 1/2个（120g）
玉米淀粉 ………………… 1勺（大）
黄油 ……………………………… 5g
融化的黄油 ……………………… 20g
橄榄油 …………………… 约3勺（大）
玉米淀粉、盐、胡椒 …………各适量

熬鱼高汤的材料

金线鱼的鱼头和鱼骨
洋葱 …………………………… 20g
红葱头（或洋葱）……………… 10g
芹菜 …………………………… 15g
蘑菇 …………………………… 2个
柠檬片 ………………………… 1片
水 …………………………… 350ml
白葡萄酒 ……………………… 50ml
欧芹杆 ………………………… 1根
百里香 ………………………… 1枝
月桂叶 ………………………… 1片
白胡椒粒 ……………………… 3粒

制作迷迭香风味沙司的材料

红葱头 ………………………… 25g
迷迭香 ………………………… 1/4枝
白葡萄酒 ……………………… 40ml
味美思酒（或白葡萄酒）……… 40ml
柠檬汁 ………………………… 40ml
鱼高汤 ………………………… 300ml
淡奶油 ………………………… 50ml
水溶性淀粉 ……………………适量
黄油 …………………………… 15g
盐、胡椒 ………………………各适量

制作红葡萄酒沙司的材料

切丁的红葱头 ………………… 1勺（小）
红葡萄酒 ……………………… 80ml
小牛汁（参照P30）…………… 40ml
水溶性淀粉 ……………………适量

装饰材料

迷迭香 …………………………适量

要点
把充当鱼鳞的土豆紧贴在鱼身上

所需时间	难易度
120 分钟	★★★

01 收拾金线鱼。刮去鱼鳞，从鱼鳃后方斜切一刀，把鱼翻过来同样斜切进去，切掉鱼头。剖开鱼肚子后取出鱼内脏。

02 用刀尖将鱼泡捅破。把鱼用清水里洗净。

03 用刀或削皮（参照P214）器挖出鱼眼睛。把刀伸进鱼嘴里后向下切开鱼头。摊开鱼头，再从中间将鱼头切成两半。

04 把刀伸到切开的鱼肚子里，沿着鱼中骨向下切到鱼尾处。

05 再从鱼背处切入，沿着鱼中骨把鱼肉切下来。

06 把鱼翻过来，采取同样的方法将鱼肉切下来。这样鱼的身体就被分成了三个部分。

07 把残留在鱼肉上的大刺切下来，再拔出剩下的鱼刺。将大刺和切成段的鱼中骨泡入冰水里。

08 削去土豆皮，用直径为1.8cm的圆管模型将土豆弄成圆柱状。

09 将土豆切成1mm厚的薄片。把土豆片、溶化的黄油、玉米淀粉、少许盐和胡椒放入碗中搅拌均匀。

10 在07中的两块鱼肉上撒上少许盐和胡椒。用滤茶网将玉米淀粉均匀地撒在鱼皮上。

15 将泡在冰水里的鱼头和鱼骨、14中的蔬菜、百里香、月桂叶、柠檬片、欧芹茎、白胡椒粒、白葡萄酒倒入锅中。

20 如果还不够浓，就再加入适量的水溶性淀粉。将沙司用网筛或过滤网过滤，过滤的时候可以用锅铲按压。

11 用长筷子将09中的土豆片从鱼尾处向上摆，像鱼鳞一样贴在鱼肉上。摆好后将鱼放入冰箱里，使黄油凝固。

16 将水倒入锅中加热。沸腾后将火调到让汤保持轻轻沸腾的程度，撇出浮沫，煮20分钟左右。煮好后用笊篱或网筛过滤。

21 制作红葡萄酒沙司。将切丁的红葱头、红葡萄酒、小牛汁倒入锅中，用小火煮到剩下约1/3的量即可。

12 将橄榄油倒入煎锅中并加热，鱼皮朝下放进去。
※煎的时候锅里橄榄油要没过土豆。

17 制作迷迭香风味沙司。将黄油、切丁的红葱头、迷迭香放入锅中。

22 煮好后将适量的水溶性淀粉倒入锅中并用锅铲搅拌均匀，将沙司调成像图中这样的浓度即可。最后用网筛或过滤网过滤。

13 土豆煎至金黄色后把鱼肉翻过来，用文火煎鱼肉。用钢签扎鱼肉，鱼肉中间有热气冒出，说明鱼肉煎好了。

18 把16中的鱼高汤、白葡萄酒、味美思酒、柠檬汁倒入锅中，煮15分钟左右。

23 将黄油倒入煎锅中并加热，将切成1cm厚的紫洋葱片放入锅中，将两面煎成金黄色。

14 熬鱼高汤。将洋葱、红葱头、芹菜、蘑菇切成2~3mm厚的薄片。

19 煮到剩下约1/3的量时将淡奶油倒入锅中，再加入少许盐和胡椒。

24 将20中的迷迭香风味沙司倒在盘子里，依次向上摆放23中的洋葱、13中的鱼肉。将22中的红酒沙司滴成圆形，用竹签在每滴红酒沙司上画个小圈。最后将迷迭香点缀在鱼肉上。

黄油的形态变化与澄清黄油的制作方法

澄清黄油与细腻的法式西餐非常匹配

黄油形态的变化

澄清黄油的制作方法

一般黄油受热溶化时，会有一些乳质残渣沉到锅底，残渣上层清亮的黄色液体就是澄清黄油。澄清黄油不像普通的黄油那么容易烧焦，因为黄油受热时已经把容易变焦的乳质部分离出去了，只剩下单纯的油脂。

❶提取100ml的澄清黄油时需要准备140g的无盐黄油。将无盐黄油放到碗里，把碗泡到热水中。

❷受热后黄油分为黄色和白色两层，用勺子将上面澄清的黄色液体撇出来，澄清黄油就制作完成了。

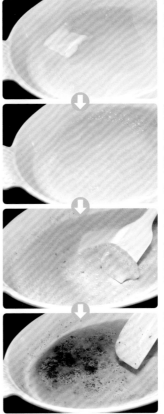

慢慢地给黄油加热，不搅拌黄油，可以看到黄油中出现了气泡、脂肪层、乳浆（不含蛋白质的水溶液）。

接着气泡大量出现，可听到噼啪的水分蒸发的声音。乳浆慢慢沉到锅底，气泡和脂肪层留在上面。这时候可以作液态黄油使用。

气泡消失后，水分也蒸干了，黄油变成淡茶色。这是好的黄油，可以作为浅褐色黄油（Beurre Noisette）使用。

再继续加热，黄油的颜色变得更浓，分为底部的黑色部分和上面的油脂部分，底下的黑色已经变成渣了。

香醇浓郁的黄油非常符合法国人的口味

黄油是把新鲜牛奶加以搅拌之后制成的乳制品。黄油的种类从口味上来区分，主要可以分为加盐黄油和无盐黄油。此外，按制作方法还可以将黄油分为由奶油发酵制成的发酵黄油和非发酵黄油。在法国人们主要使用的是发酵黄油，而日本人则多习惯于使用非发酵黄油。

法式西餐中几乎都是用黄油来煎炒食材，此外还有很多以黄油为原料的菜品，香醇浓郁的黄油非常符合法国人的饮食习惯。高温加热时黄油容易烧焦，烧焦的黄油不仅影响菜品的外观也破坏了菜品的风味。如果您想做出更美味的菜品，最好的选择就是澄清黄油。澄清黄油与普通黄油相比不容易烧焦，用于制作沙司时也不会使沙司的水分含量过多。

Poisson à la vapeur d'algues

海藻蒸扇贝

漂在沙司海洋上的扇贝和海藻

海藻蒸扇贝

材料（4人份）

鲈鱼·····················1/5条（150g）
扇贝的贝柱···············3个（90g）
青鸡冠藻（腌制）·············50g
红鸡冠藻（腌制）·············50g
白葡萄酒·················2勺（大）
盐、胡椒··················各适量

制作海胆风味白葡萄酒沙司的材料

红葱头（或洋葱）··············10g
海胆酱···················1勺（大）
鱼高汤（参照P184）·········100ml
白葡萄酒·················100ml
淡奶油····················80ml
水溶性淀粉··················适量
黄油·····················10g
盐、胡椒··················各适量

装饰材料

海胆酱、丝葱、地肤子········各适量

要点
给鸡冠藻脱盐

所需时间	难易度
70分钟	★★★

02 把鱼翻过来，采取同样的方法从鱼鳃后面斜切进去，把鱼头切下来。从肛门处向着鱼头方向将鱼肚子剖开，取出鱼的内脏。

03 再从鱼背处切入，沿着鱼中骨切进去。

07 用刀尖将残留在鱼肉上的鱼刺挑出来。
※把刀尖插入鱼肉慢慢挑出里面的鱼刺。

08 一手握住鱼皮，一手拿刀将鱼皮从鱼肉上割下来。割的时候按照图中的姿势上下移动刀，尽量避免割掉鱼肉。

04 把残留在鱼肉上的大刺切下来，再拔出剩下的鱼刺。将大刺和切成段的鱼中骨泡入冰水里。

09 用去刺器将鱼肉中细小的鱼刺拔干净，取150g左右的鱼肉，将鱼肉片成1cm厚的片。

05 把鱼肉和鱼尾切开。一手按住下面有鱼骨的一侧，一手垫着抹布握住上面鱼肉的尾部，将鱼肉从鱼身上取下来。

10 去掉扇贝贝柱的白色部分，将扇贝片成两半。将取下的白色部分放好，待会用来做沙司。

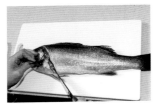

01 收拾鲈鱼。在鱼鳃后斜切一刀。

06 把鱼翻过来，采取04中的方法将鱼肉切下来。

11 将青鸡冠藻和红鸡冠藻泡到盛满水的容器中，给鸡冠藻脱盐。将洗干净的鸡冠藻放到笊篱中以去除水分。

12 控干水分后，将一半的青鸡冠藻和红鸡冠藻铺到耐热容器里。

17 制作海胆风味白葡萄酒沙司。将切丁的红葱头、白葡萄酒、鱼高汤倒入锅中并加热。

22 将过滤器扣在容器上，把海胆酱倒在上面。用锅铲按压海胆酱，将海胆酱过滤到容器中。

13 将09中的鲈鱼片摆在鸡冠藻上面。留出放扇贝的空间。

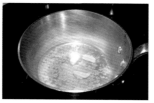

18 煮沸后将10中贝柱的白色部分倒进锅里，煮到剩下1/4的量。

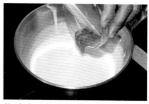

23 将过滤后的海胆酱和黄油倒入20的锅中，用锅铲搅拌均匀。

14 把10中的扇贝放到事先留好的空间里。将少许盐和胡椒均匀地撒在鱼肉和扇贝上。

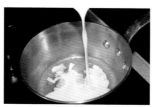

19 煮好后将淡奶油倒入锅中，用锅铲搅拌均匀。

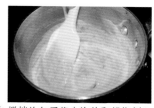

24 搅拌均匀后将少许盐和胡椒倒入锅中搅拌。如果沙司不够浓，需加入适量的水溶性淀粉来增加浓度。

15 用另一半剩下的鸡冠藻盖住鱼肉和扇贝，将白葡萄酒均匀地倒入。

20 拌匀后将16中的容器从蒸锅中取出，把容器里的汤汁倒入锅中并搅拌。

25 搅拌均匀后用网筛或过滤器过滤。

16 将容器放到蒸锅中，盖上锅盖蒸5分钟左右。若使用微波炉，先用保鲜膜盖盖住容器，再将容器放到微波炉里加热3分钟左右。

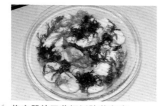

21 容器放回蒸锅以防菜变凉。

26 将25中的海胆风味白葡萄酒沙司倒在盘子里，把21中的鲈鱼片、扇贝摆在上面，再将鸡冠藻放在鱼肉和扇贝上，最后将海胆酱、丝葱、地肤子点缀在上面即可。

充分体现鱼的精华滋味的鱼高汤

法式西餐中的基础汤汁之一

鱼高汤

材料（约1L份）

比目鱼	1kg	白葡萄酒	100ml
洋葱	60g	百里香	1枝
红葱头	20g	月桂叶	1片
芹菜	30g	白胡椒粒	3粒
蘑菇	2个		
水	1L		

① 从鱼头处揭开鱼皮，将鱼皮全部揭下来。切掉鱼头和鱼鳃部分，取出鱼的内脏。用清水将鱼洗干净，擦干水分后将鱼切成大块。

② 把鱼块放入冰水中浸泡5分钟左右，除去残留在鱼身上的血和腥味。

③ 将水、白葡萄酒、切成薄片的洋葱、红葱头、芹菜、蘑菇倒入锅中。

④ 将控水后的鱼块、百里香、月桂叶、白胡椒粒放入锅中，煮沸后再继续用小火煮20分钟左右。

⑤ 用勺子撇去汤上面的浮沫。将厨房用吸水纸铺在过滤器上，仔细过滤汤汁。

要点

用小火煮才能煮出漂亮的颜色

沸腾后立即将浮沫撇出去，改用小火炖煮。如果用大火煮，浮沫会回到液体里，就得不出澄清的鱼汤了。

使用清淡的白身鱼才能煮出澄清的鱼汤

在法式西餐中鱼汤被归类为白汤。鱼汤主要是由鱼骨、鱼头等熬制而成，经常用于制作各种鱼类菜肴的沙司或直接用于烹饪鱼类菜肴。熬制鱼汤的原材料主要是比目鱼、金线鱼等白身鱼，当然也可以用其他比较便宜的鱼类代替。

法式鱼汤的做法主要有两种：一种是直接将所有的材料都倒进锅中炖煮，另一种是先将鱼和蔬菜炒过之后再炖煮。用后一种方法煮出来的鱼汤要比直接煮的鱼汤更浓稠，味道也更重一些，比较适合制作沙司。

熬制鱼汤时不要煮太长时间，煮太久，鱼汤会有涩味，香味也会淡很多，通常煮30分钟左右就可以了。此外，鱼汤不能放置太长时间，否则会破坏鱼汤的风味，所以鱼汤不适于保存，做好后要尽快食用。

炸青花鱼搭配九层塔拌番茄

温热喷香的烤青花鱼与冰冷爽口的番茄的绝秒搭配！

炸青花鱼搭配九层塔拌番茄

材料（2人份）

青花鱼……1条（500g、使用一半）
低筋面粉…………………………适量
黄油……………………………… 5g
橄榄油…………………… 1勺（小）
盐、胡椒…………………………各适量

制作生姜风味黑葡萄醋沙司的材料

黑葡萄醋………………………… 80ml
姜汁…………………… 1勺（小）

制作花椰菜泥的材料

花椰菜………………………… 100g
土豆…………………………… 100g
牛奶…………………………… 80ml
水………………………………适量
黄油…………………………… 10g
盐、胡椒…………………………各适量

制作九层塔拌番茄的材料

番茄………………………1个（150g）
紫洋葱………………………… 20g
芹菜…………………………… 20g
大蒜……………………………1/2瓣
柠檬汁…………………… 2勺（小）
九层塔叶……………………… 2片
EXV橄榄油……………… 4勺（小）
盐、胡椒…………………………各适量

装饰材料

九层塔……………………………适量

要点

将生姜风味黑葡萄醋沙司煮到一定的浓度

所需时间	难易度
90 分钟	★★★

01 收拾青花鱼。刮去鱼鳞，从鱼鳃后斜切一刀，把鱼翻过来用同法从鱼鳃后斜切进去，切掉鱼头。

02 从肛门处向着鱼头方向将鱼肚子剖开，取出鱼的内脏。

03 用刀将鱼肚子中的血筋和发黑的地方清理干净。

04 容器中盛满水，将青花鱼放到里面清洗干净。
※青花鱼肉比较脆弱，所以不要用流动的水洗。

05 把刀伸到切开的鱼肚子里，沿着鱼中骨向下切到鱼尾处。

06 再从鱼背处切入，沿着鱼中骨把鱼肉切下来。

07 把鱼翻过来，采取同样的方法将鱼肉切下来，这样鱼就被分成了3个部分。用刀尖将留在鱼肉上的鱼刺挑出来（只使用一块鱼肉）。

08 在鱼肉表面划上几刀，之后将鱼肉两等分。在托盘里撒上盐，将鱼肉放在上面，再撒少许盐和胡椒，放置一段时间。

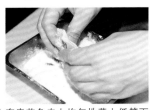

09 把鱼肉放在厨房用吸水纸上，在用吸水纸盖住鱼肉，吸取鱼肉中的水分。
※这样做可以除去鱼腥。

10 在青花鱼肉上均匀地蘸上低筋面粉，最后抖掉鱼肉上多余的面粉。

11 将黄油和橄榄油倒入煎锅中并加热，黄油变色后将青花鱼皮朝下放到锅里，用大火煎。

12 当鱼皮一面煎好后将鱼肉翻过来，改用小火煎。煎至图片中的颜色时将鱼肉盛放到厨用吸水纸上，去除鱼肉上多余的油分。

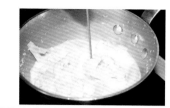

17 煮沸后将火调小，把菜煮软即可。用竹签扎土豆，如果能一下子扎透，说明菜已经煮好了。

22 将21中的蔬菜、EXV橄榄油、大蒜、柠檬汁、少量盐和胡椒拌在一起，拌匀后放入冰箱中冷藏30分钟左右。

13 制作生姜风味黑葡萄醋沙司。将姜汁和黑葡萄醋倒入锅中，用小火煮10分钟左右。

18 将花椰菜和土豆用笊篱过滤出来，再用捣碎器（mascher）将花椰菜和土豆捣碎。

23 为了防止九层塔变色，从冰箱中取出冷藏后的22后，在装盘时再将九层塔倒进去。

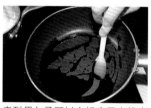

14 煮到用勺子可以在锅底画出线来即可。
※用小型不粘锅煮，防止沙司粘到锅上。

19 将捣碎的花椰菜和土豆、黄油、17中过滤出的汤汁、适量盐、少许胡椒倒入锅中，煮成泥状。

24 将19中的花椰菜泥盛在盘子里，把12中鱼肉放在菜上面，再将23中的九层塔拌番茄也盛到盘子里。将14中的生姜风味黑葡萄醋沙司倒在盘子的空余地方，最后摆上九层塔即可。

15 制作花椰菜泥。掰开花椰菜，将土豆切成1cm后的圆片。

20 制作九层塔拌番茄。将九层塔切丁。用菜板把大蒜压碎。

错误　✕
鱼皮卷起来了

如果先将鱼皮朝上放进锅里，鱼皮就会卷起来，鱼皮一侧的鱼肉就不好煎了。在入锅之前可以在鱼皮上划几刀或煎的时候用锅铲按压不平的地方。

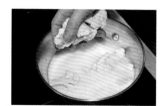

16 将牛奶、盐、15中的花椰菜和土豆放入锅中，再向锅里倒入刚好能盖住这些材料的水，用大火加热。

21 将紫洋葱和芹菜切成3mm大小的小块，番茄剥皮、去籽后切成1cm大小的小块。
※将紫洋葱和芹菜泡到冰水里去除涩味。

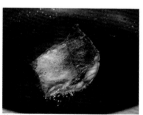

煎完鱼皮一面后再煎另一面。

法式西餐的烹饪方法 "煎·烤"篇

能够很好地锁住食材精华的烹饪方法

烤 用烤锅给食物烙上花纹	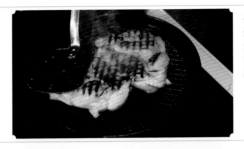	使用烤锅（P4）或铁板给食物烙上格子条纹。多余的油脂和水分会留在锅中，烤出的食物不会很油腻。
煎炒 用油煎炒		它包含用煎锅煎炒，将食材裹上面粉后煎炒，裹上面包粉后煎炒等多种不同形式的煎炒方法。
烘烤 用明火或烤箱烘烤		烘烤方法大家都比较熟悉，rotir主要是指用烤箱来烤肉（块状）。烤的时候可以不时地往肉上抹油，这样烤出的肉的味道会更好。

一目了然的法式"煎烤"菜肴的菜名

　　法式西餐中的"煎烤"有很多种，根据使用道具和具体做法每种"煎烤"都有相应的名字，其中最具有代表性的就是griller、sauter和rotir。这些"煎烤"的名字不仅只在烹饪时使用，在菜名中也经常被用到。

　　此外还有在材料上涂上奶酪、面包粉后用高温煎炒的gratiner，把鱼贝类用锡箔纸包住后放入烤箱中烤的cuire en papillote等"煎烤"方法，只要一看菜名您就知道这道菜所采用的是哪种烹饪方法了。

　　法国人非常喜欢使用烤箱，烤箱几乎是每个法国家庭必备的烹饪用具。法国人做菜时喜欢将所有食材都倒进锅里后再给锅加热。

Thon à la provençale

普罗旺斯风味煎金枪鱼

半生的金枪鱼和番茄风味沙司的完美搭配

普罗旺斯风味煎金枪鱼

材料（2人份）

金枪鱼肉·················2块（200g）
培根···························30g
洋葱·····················1/2个（100g）
熟透的番茄············1个（150g）
青椒························1个（40g）
西班牙红椒··········1/3个（50g）
酸黄瓜························2根
大蒜·························1/2瓣
法棍···························4片
番茄酱····················1勺（大）
清汤（参照P70）·········300ml
白葡萄酒····················40ml
低筋面粉··················适量
水溶性淀粉·················适量
橄榄油····················1勺（大）
黄油··························10g
盐、胡椒·················各适量

制作黑橄榄酱的材料

黑橄榄·······················30粒
凤尾鱼酱·················1/2勺（小）
刺山柑（用醋腌制）·····1勺（大）
柠檬汁···················1勺（小）
橄榄油····················2勺（大）

装饰材料

莳萝···························适量

要点

将蔬菜炒蔫

所需时间	难易度
*50*分钟	★★★

02 将青椒和西班牙红椒竖切成两半，取出辣椒籽，将青椒和西班牙红椒切成5mm宽的细丝。

03 剥去洋葱皮后将洋葱切成5mm宽的细丝。

04 将培根切成5cm长的条状。把酸黄瓜也切成细丝。

05 用橄榄去核器（olivia pitter）取出黑橄榄的核。没用去核器用刀也可以。

01 切去番茄根部，把番茄放到沸水中，番茄皮变皱后再将番茄放在冰水中，剥去番茄皮。切开番茄，挖出里面的番茄子，将番茄切成5mm大小的块状。

07 在金枪鱼肉上撒上少许盐和胡椒撒，再将低筋面粉涂在鱼肉上，涂好后抖掉多余的面粉。

08 将1/2勺（大）橄榄油和5g黄油倒入煎锅中并加热。

09 黄油变成茶色后将07中的鱼肉放进锅中，用大火煎鱼肉。

10 煎完鱼肉的两面后将鱼肉竖起来，煎鱼肉的侧面。

06 将面包斜切成5mm厚的薄片，把面包片放入烤面包机中烤2～3分钟。

11 煎好后将鱼肉放在厨用吸水纸上，除去多余的油分。
※煎得太熟，鱼肉会发干，所以煎成半熟就可以了。

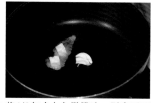

12 将1/2勺（大）橄榄油、剥皮后压碎的大蒜、5g黄油倒入锅中，用中火加热。

17 番茄酱拌匀后加入少许盐和胡椒。

22 打开盖子，加入凤尾鱼酱后继续搅拌。

13 黄油变成茶色后将04中的培根倒入锅中，稍后将03中的洋葱倒进锅里。
※认真地炒蔬菜。

18 煮沸后表面如果有浮沫，就用勺子撇出去。
※不要管漂在上面的油，只将浮沫撇出去就可以了。

23 将柠檬汁和橄榄油倒入食物处理器中，继续搅拌至酱状。

14 洋葱炒至透明后按顺序将02中的青椒和西班牙红椒、04中的酸黄瓜倒入锅中烹炒。再将白葡萄酒倒入锅中。

19 撇出浮沫后将火调小，把01中的番茄倒入锅中，再煮15分钟左右。

24 将黑橄榄酱抹在06中的烤面包片上。

15 白葡萄酒可以带出锅底的精华，待酒精挥发后将清汤倒入锅中并搅拌。

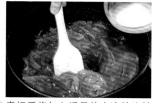

20 煮好后将加入适量的水溶性淀粉来增加浓度，最后加入少许的盐和胡椒调味。

25 将11中的金枪鱼肉切成1.5cm厚的肉片。

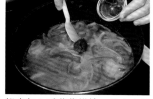

16 锅中加入番茄酱搅拌，用大火加热。
※若事先没准备熟透的番茄，可以多加一些番茄酱来代替。

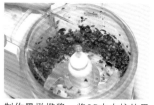

21 制作黑橄榄酱。将05中去核的黑橄榄和刺山柑放进食物处理器中搅拌成粉末状。

26 将20中的蔬菜盛到盘子里，把25中的金枪鱼片摆在菜上面，在旁边放上24中的面包，最后点缀上莳萝即可。

传统法国面包的剖面图

通常我们所说的法国面包就是指这种面包

传统法国面包指的是

只使用面粉、水和盐做成的面包。
传统法国面包主要是指法棍面包这种比较朴素的面包。

美味的法棍面包的构造

剖面图

另一种法国传统面包！

花式面包

面包褶共有3个，长度为50cm。花色面包的法语有"中间"的意思。

面包肉

面包里面白色的部分。里面分布着很多大大小小的气泡，感觉很糯，这个部位是决定面包是否美味的关键。

面包褶

面包皮上的褶皱。面包褶打得越开说明面包越柔软。

面包皮

面包的表面。烤得非常好的面包皮呈金黄色，口感很脆，有股清香的味道。

各种面包欢聚一堂的法国

在吃法式西餐时不可缺少的就是法棍面包、花式面包等味道简单不会妨碍菜肴味道的法式面包。法国的面包店叫做"boulangerie"，在这里可以买到各式各样的面包。

法棍面包和花式面包等法国传统面包都可以统称为法式面包。法国传统面包只使用面粉、盐、水这些基本的原料，不使用酵母而是慢慢发酵制成。口感酥脆，非常有嚼劲。

当然除了以上这些种类的面包外，法国还有由黄油、鸡蛋制成的黄油面包；有夹心丰富、体积很大的家庭面包；有皮和心都很厚，形状有圆有长，比其他的面包都耐存放的乡村面包；还有黑麦面包、麸皮面包等各种面包。

Homard à l'américaine

美式沙司龙虾

充分体现龙虾美味的王牌主菜

美式沙司龙虾

材料（2人份）

龙虾·······················2只（450g）
番茄······················1/2个（75g）
芹菜···························20g
洋葱······················1/2个（100g）
胡萝卜·························50g
大蒜···························1瓣
番茄酱·····················2勺（大）
清汤（参照P70）·············600ml
白兰地·························25ml
白葡萄酒·······················70ml
淡奶油·························40ml
百里香··························1枝
月桂叶··························1片
淡色奶酪面糊（参照P86）
·····························1勺（小）
橄榄油····················1勺半（大）
黄油···························15g
盐、胡椒·····················各适量

清汤煮大葱的材料

大葱···························1根
清汤（参照P70）··············750ml
盐、胡椒·····················各适量

炒蘑菇的材料

红葱头（或洋葱）·······1个（15g）
喇叭菌（干）····················3g
牛肝菌（干）····················3g
蘑菇······················2个（15g）
杏鲍菇····················1/2根（15g）
黄油···························15g
盐、胡椒·····················各适量

装饰材料

百里香··························适量

要点
用白兰地去除龙虾脑浆的腥味

所需时间	难易度
120分钟	★★★

01 收拾龙虾。用流水将龙虾表面的污垢冲洗干净，再仔细将龙虾洗干净。用手将龙虾头拧下来。

02 用手将龙虾头中间的胃取出来。取下绑在虾钳上的橡皮筋。

03 将虾头里面的脑浆（脑黄）用勺子挖出来。

04 用剪刀将所有的虾钳子、爪子全部剪掉。掰掉虾头两腮部的硬壳，用剪刀剪成适当大小。

05 将虾头、虾身、硬壳放到笊篱上控干水分。
※因为过会儿要放入热油中炒，所以要先将水控干，以免油溅出来。

06 将橄榄油倒入煎锅中用大火加热，看到有轻烟冒出时将05中的龙虾倒入锅中，炒到龙虾完全变红。

07 龙虾炒红后将火调小，将20ml的白兰地倒入锅中，待酒精挥发后将火关掉。

08 将洋葱、胡萝卜、芹菜、番茄切成5mm大小的小块。把大蒜剥皮去芯后压碎。

09 在另一个煎锅中放入黄油和大蒜并加热，将洋葱、胡萝卜、芹菜倒入锅中炒，蔬菜炒香后将07中的龙虾倒入锅中。

10 将2勺（大）清汤倒入炒龙虾的锅中并加热。把锅底铲干净，将汤倒入09的煎锅中。

11 将白葡萄酒、番茄酱、08中的番茄、10中剩下的清汤、百里香、月桂叶倒入锅中煮沸。

16 一边用切板按压一边过滤03中的龙虾脑浆，再将50ml的白兰地倒入以去除脑浆的腥味。

21 将红葱头切丁，蘑菇切成6块，杏鲍菇切成大块。

12 煮沸后如果出现浮沫，就用勺子将浮沫撇干净，再用小火煮20分钟左右。

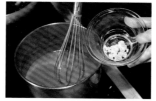

17 将龙虾脑浆、淡奶油、淡色奶酪面糊倒入15的锅中并搅拌，煮沸后加入少许盐和胡椒，用网筛或过滤器过滤。

22 将黄油倒入锅中并加热，先将蘑菇和杏鲍菇倒入锅中炒，炒变色后将喇叭菌和牛肝菌以及20中剩的水2勺（大）倒入锅中。

13 在煮的过程中将虾钳和龙虾的身体捞出来。
※煮沸后再煮7～8分钟就可以将钳和龙虾的身体捞出来。

18 制作清汤煮大葱。将大葱竖切成两半，用清水将大葱洗净，将每半大葱折成图片中的样子并用线绑起来。

23 水分炒没后将红葱头、少许盐和胡椒倒入锅中拌匀。

14 用手掰开龙虾壳，将里面的龙虾肉取出来。

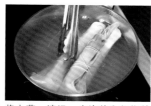

19 将大葱、清汤、少许盐和胡椒放入锅中，盖上锅盖后用小火煮20分钟左右，将大葱煮软。

24 将14中的龙虾肉切成1.5cm宽的片状，解开19中绑在大葱上的线后将大葱切成两半铺在盘里，将14中的龙虾壳摆上，最后放上虾肉。

15 用笊篱将12中的菜捞出来，把捞出来的菜用捣锤或捣棒捣碎。将捣碎的菜倒回12的锅中，再煮5分钟左右。

20 炒蘑菇。将牛肝菌和喇叭菌放入水中泡30分钟左右，泡好后控干水分。将容器中的水放到一边。

25 将17中的沙司倒在盘子里，形成一个圆形。把23中的炒蘑菇摆在龙虾旁边，最后点缀上百里香。

餐后的乐趣——法式甜点

餐后食用的甜点，品种非常丰富

法式蛋糕

用面粉做出来的点心。法式蛋糕包括海绵蛋糕、黄油蛋糕、脆皮蛋糕等各式各样的蛋糕。

例

水果塔、奶油蛋糕、黄油蛋糕、曲奇等。

餐间小点

这种甜点是由专业蛋糕师而非大厨制作的。

例

布丁、果冻、巴伐利亚风味点心、可丽饼、蛋奶酥等。

冷冻点心

将材料冷冻后制成的点心。牛奶和淡奶油搅拌后冷冻成的冰激凌、冻奶酥等都属于冷冻点心。

例

果子露、冰激凌水果冻、冰激凌、冻奶酥等。

水果拼盘、糖渍水果

将切好的水果摆在一起或用糖水煮水果制成的甜品，主要以水果为主的的甜点。

例

水果拼盘、糖煮苹果等。

法式西餐中的餐后甜点

在正规的法国餐厅吃一套完整的法式西餐时，餐后一定会提供奶酪、水果、点心等餐后甜点。在法语里这些餐后甜点被统称为"dessert"。传统的法国点心比较广为人知的如马卡龙、舒芙蕾、慕斯杯、奶油蛋杯、歌剧院蛋糕、玛德琳等等。

"Entremets"则专指那些甜蛋糕或烤制的甜味点心。法国人非常喜欢甜点。在法国的街头巷尾分布着无数蛋糕店，在这里有着数不清的甜点，令人眼花缭乱。法式蛋糕、冷冻点心和餐间小点等各种各样的甜点都可以在这里买到。

马赛鱼汤

Bouillabaisse

凝缩鱼贝类精华、法国南部最具代表性的鱼汤

马赛鱼汤

材料（2人份）

整虾	2只（60g）
贻贝	6只（小、180g）
石鲈	1条（小、150g）
鲲鱼	1条（小、150g）
小鲷鱼	1条（小、150g）
大蒜	1瓣
洋葱	1/2个（100g）
胡萝卜	30g
茴香	30g
大葱	30g
番茄	1个（大、200g）
番茄酱	4勺（小）
鱼汤（参照P184）	400ml
茴香酒	4勺（小）
白葡萄酒	80ml
百里香叶	2枝的量
月桂叶	1片
藏红花	1/3勺（小）
橄榄油	5勺（大）
黄油	10g
盐、胡椒	各适量

制作锈色沙司的材料

土豆	30g
红柿子椒	15g
A ┌ 大蒜	少许
├ 普罗旺斯鱼汤	50ml
├ 辣椒粉	少许
└ EXV橄榄油	4勺（小）
盐、胡椒	各适量

制作大蒜吐司的材料

大蒜	1/2瓣
法国田园面包	1片
橄榄油	1勺（小）

装饰材料

茴香叶	适量

要点
撇去浮沫后再加入藏红花

所需时间	难易度
*150*分钟	★★★

01 收拾鱼。刮去鲲鱼的鱼鳞，从鱼鳃后方斜切一刀，把鱼翻过来同样从鱼鳃后方斜切进去，切掉鱼头。

02 剖开鱼肚子后将鱼内脏取出。把刀伸到切开的鱼肚子里，沿着鱼中骨向下切到鱼尾处。

03 再从鱼背处切入，沿着鱼中骨把鱼肉切下来。把鱼翻过来，采取同样的方法将另一面的鱼肉切下来。

04 用刀或削皮器（参照P214）挖出鱼眼睛。把刀伸进鱼嘴里后向下切开鱼头。摊开鱼头，再从中间将鱼头切成两半。

05 取出留在鱼肉中的鱼刺，将每块鱼肉切成两半。将鱼头和鱼中骨放入冰水里。石鲈和小鲷鱼也采取同样的处理方法。

06 用流水将贻贝表面的污垢冲洗干净。再用叉子将贻贝的足丝拽出来。

07 用竹签挑出虾背部的虾线。用剪刀剪掉虾尾、虾足和虾须，剪开虾背部的硬壳。

08 将一半的百里香叶、两撮盐、少许胡椒、1勺（大）橄榄油均匀地抹在鲲鱼、石鲈和小鲷鱼上。

09 干煎藏红花，然后用手捻碎。
※锅变热后立即从火上取下，放置一会后再将藏红花捻碎。

10 将洋葱、胡萝卜、茴香、大葱切成3mm宽的薄片。切掉番茄根部，挖出番茄子后将番茄切块。

11 将5g黄油、2勺（大）橄榄油、捣碎的大蒜倒入煎锅中并加热，将除了番茄之外的10中的蔬菜倒入锅中炒。

16 用笊篱或蔬菜研磨器（参照P5）过滤。使用蔬菜研磨器时需将较硬的鱼骨挑出来。

21 制作锈色沙司。将煮熟后去皮的土豆、煮熟的红柿子椒、A倒入食物处理器中搅拌。加入少许盐和胡椒调味。

12 仔细地翻炒蔬菜，待蔬菜炒出甜味后把火调大。把05中的鱼骨和鱼头控水后倒入锅中，用大火将鱼骨炒碎炒香。

17 将09中的鱼肉从冰箱中取出，把鱼肉放到厨用吸水纸上以除去鱼肉表面的水分，然后在鱼肉上裹上低筋面粉。

22 制作大蒜吐司。将田园面包切成三角形，将拌入蒜泥的橄榄油涂在面包上，把面包放入烤面包机中烤2~3分钟。

13 水分炒没后将茴香酒、白葡萄酒倒入锅中，用锅铲将锅底的精华铲上来。再将清汤和鱼汤倒入锅中搅拌。

18 将5g黄油和2勺（大）橄榄油倒入锅中加热，将17中的鱼肉鱼皮朝下放到锅中，煎至图片中的颜色后将火调小，继续煎另一面。

23 将20中的鱼汤盛到盘子里。将21中的锈色沙司、22的大蒜吐司和茴香叶放到另一个盘子里。

14 将10中的番茄、番茄酱、剩下的百里香叶、月桂叶倒入锅中。

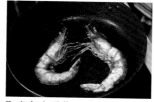

19 取出鱼肉后将07中的虾放入锅中，用大火将虾炒至变色。

错误 ✕

藏红花不见了

如果在撇去浮沫之前就将藏红花倒入锅中的话，藏红花就容易粘在浮沫上并最终和浮沫一起被撇出去。还有需要注意的是如果不先将藏红花轻煎一下的话，藏红花的颜色和香味就不能够完全释放出来。

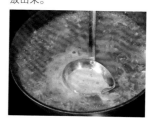

15 煮沸后撇出浮沫。将少量的14中的汤倒入装有藏红花的09的锅中，搅拌均匀后将汤倒回14的锅中，再用小火煮20分钟左右。

20 将过滤后的16、贻贝、18中的鱼肉倒入煎锅中煮熟即可。贻贝煮开口后放入少量盐和胡椒调味。

普罗旺斯—阿尔卑斯—蓝色海岸大区的特色

位于地中海沿岸、冬天也气候宜人的休闲胜地

当地的特色菜肴

尼斯风味沙拉
在番茄和新鲜蔬菜中加入橄榄、煮鸡蛋、凤尾鱼酱，最后再浇上调味汁，就做成了尼斯风味沙拉。

这一地区位于法国东南部，与意大利相邻。沿岸地区一年四季都是温暖的地中海气候。

法国的经济中心—马赛的沿岸风景

鹰嘴豆烤饼
将鹰嘴豆和橄榄油拌在一起，放在大型的铁板上烤。可以直接吃，也可以铺在菜的下面当做菜的一部分。

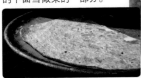

←放在鹰嘴豆烤饼上的是凤尾鱼（P104）。

尼斯的市场里汇集着各种食材

在尼斯的市场里汇集着番茄、大蒜、橄榄等各种做普罗旺斯菜品时不可缺少的食材。此外，您还可以在这里买到将多种香料混合在一起的混合香料、普罗旺斯香料等当地特有的食材。

大蒜　　　橄榄　　　番茄　　　调味料

具有艺术与历史双重魅力的观光胜地

普罗旺斯—阿尔卑斯—蓝色海岸大区的年日照时间为2500小时，一年四季温暖如春。被称为"蔚蓝海岸"的沿海地带和位于蓝色海岸地区的尼斯、戛纳等城市都是世界著名的休闲胜地，每年都吸引着成千上万的海内外游客到此观光。

这一地区的菜肴有别于一般的法式西餐，菜肴中很少用到淡奶油和黄油，这里的人们更喜欢用橄榄油、大蒜、香草来烹饪菜肴。法国南部气候温暖，盛产番茄、茄子、西葫芦、西班牙红椒等色彩鲜艳的蔬菜。此外，用从地中海中捕捞的新鲜鱼类熬制而成的马赛鱼汤是一道非常著名的美食。当地菜肴中经常使用大蒜蛋黄酱（加入橄榄油的蛋黄酱）、锈色沙司（比较辣的沙司）等味道较浓的沙司。

第 5 章
汤

Potée à la Lorraine

洛林风味菜肉浓汤

法国乡村菜肴，用猪肉炖煮的浓汤

材料（2人份）

腌制的猪肉	140g	月桂叶	1片
白扁豆	20g	丁香	1根
韭葱（或大葱）		粗盐（或精盐）	少许
	1/4根（小、100g）	胡椒	适量
卷心菜	150g	**腌制猪肉的材料**	
胡萝卜	1/4根	五花肉（块状）	500g
洋葱	70g	百里香	1枝
芜菁	1个（小、70g）	杜松子	2粒
豆荚	6根（30g）	迷迭香	1/4枝
口蘑	15g	黑胡椒粒	少许
杏鲍菇	1个（30g）	盐	适量
清汤（参照P70）	800ml		
百里香	1枝		

要点

腌肉时将托盘上的铁网倾斜放置

所需时间	难易度
90分钟	★ ★ ★

※不包括腌肉的时间和泡白扁豆的时间

202

01 将白扁豆放入约5倍的水中，泡一整夜。

06 三天后取出猪肉，用保鲜膜包住猪肉，再将猪肉放进冰箱，继续腌制4天。

11 将部分腌好的猪肉、清汤、撕碎的百里香、月桂叶、粗盐、少许胡椒一并放入锅中，盖上锅盖用小火煮1个小时左右。

02 腌制猪肉。将百里香、月桂叶、迷迭香撕碎。用刀将杜松子剁碎，将黑胡椒粒放入容器中捣碎。

07 将韭葱竖切成两半，用清水将韭葱清洗干净。把韭葱切成5cm宽的小块。

12 再将白扁豆、胡萝卜、洋葱、韭葱、倒入锅中，继续煮20分钟左右，之后依次将卷心菜、芜菁、杏鲍菇、口蘑、豆荚倒进锅里。

03 把猪肉放在托盘上，用钢签在猪肉上扎满眼。
※钢签如果太滑，需要戴上手套操作。

08 切掉卷心菜中间的硬根，将卷心菜切成5cm宽。

13 蔬菜煮熟后捞出猪肉，把猪肉切成1cm厚的肉片。把蔬菜和汤盛到容器中，最后再放上猪肉即可。

04 将02中的百里香、月桂叶、迷迭香、杜松子、黑胡椒粒撒在猪肉上，用手揉搓使猪肉更容易入味。

09 将胡萝卜切成4块，把每块胡萝卜刮圆，把芜菁切成瓣状，杏鲍菇二等分，掰开口蘑，掐掉豌豆筋。

错误 ✕
菜煮化了

如果把握不好放菜的顺序，蔬菜就会化掉。先将比较难煮的白扁豆、洋葱、韭葱放进锅中煮，再依次将卷心菜、芜菁、菌类放入锅中。

05 为了便于肉中的水分流出，将铁网斜放在托盘上，把04中的猪肉放在铁网上。上面不需要盖任何东西，将猪肉放入冰箱腌制3天。

10 将洋葱切成瓣状后把丁香插进洋葱里。
※将丁香插进洋葱里，便于以后取出。

蔬菜很容易煮烂。

牛肉清汤炖鸡肉丸

煮出来的汤要澄清透明

材料（4人份）

瘦牛肉（牛腿肉）··················	200ml
洋葱···································	60g
胡萝卜·······························	30g
芹菜···································	20g
蛋清·························	2个鸡蛋的量
清汤（参照P70）···············	900ml
欧芹茎·······························	1根
百里香·······························	1枝
月桂叶·······························	1片
番茄酱··························	3勺（大）
雪利酒·······························	适量
粗盐（或精盐）·················	适量

胡椒···································	少许

制作鸡肉丸子的材料

鸡胸肉（没有鸡皮）···········	100g
蛋清···································	10g
淡奶油·······························	50ml
盐、胡椒······················	各适量

制作汤料的材料

胡萝卜·······························	10g
扁豆···································	10g
盐·····································	适量

要点

不要过度搅拌鸡肉丸

所需时间	难易度
120分钟	★ ★ ★

01 将瘦牛肉切成5mm大小的小块，洋葱、芹菜、胡萝卜切成1~2mm宽的薄片。用手将百里香、月桂叶、欧芹茎撕成3cm长的段。

06 将厨房吸水纸浸入过滤出来的汤汁中，吸走汤汁中的油分。

11 用两个汤匙将搅拌好的鸡肉弄成鸡肉丸（橄榄球状）。

02 将牛肉、蔬菜、百里香、月桂叶、欧芹茎、粗盐、胡椒、番茄酱、蛋清倒进锅里后拌匀。

07 往05的锅中倒入刚好能盖住菜的水并加热。沸腾后改成小火，再继续煮15分钟左右。

12 将08的汤汁倒入锅中，用温度计测量量汤的温度，加热到75℃后将鸡肉丸放入锅中，煮3分钟左右。

03 待蛋清完全渗入材料中后将清汤倒入锅中，一边用木锅铲搅拌一边用大火给锅加热。当温度达到75℃时停止搅拌。

08 在网筛或笊篱上铺上厨用吸水纸，过滤锅中的汤汁。

13 制作汤料。将去筋后的扁豆和去皮后的胡萝卜切成5mm大小的块状。

04 用勺子将凝固在表面的蛋清上弄出2~3个洞，让空气流通。沸腾后改成小火，让汤一直保持轻轻沸腾的状态，煮1个小时左右。

09 制作鸡肉丸子。将鸡胸肉去筋后切成2cm大小的块状，倒进食物处理器中搅拌。

14 将扁豆和胡萝卜分别放入沸水（加入1%的盐）中煮。扁豆煮3~4分钟，胡萝卜煮5~6分钟后，用笊篱捞出。

05 在网筛或笊篱上铺上厨用吸水纸，过滤04中的汤汁。
※过滤的时候将锅倾斜，用勺子撇出上层澄清的汤。

10 鸡肉搅拌成泥状后将蛋清、少许盐和胡椒倒进食物处理器中并搅拌均匀。再将淡奶油分2~3回倒进食物处理器中，每回倒进去都要搅拌。

15 将重新加热的06中的汤、14中的扁豆和胡萝卜倒入容器中，再把12中的鸡肉丸放到汤中，最后再按个人喜好加入适量的雪利酒。

Soupe aux oignon gratiné

烙洋葱汤

这道汤的关键是要突出洋葱的甜味和香味

材料（4人份）	
洋葱·········3个（中等大小、600g）	大蒜·····················1瓣
大蒜·····················1/2瓣	色拉油·················少许
清汤（参照P70）·········700ml	格鲁耶尔奶酪·············70g
色拉油·················2勺（大）	装饰材料
盐、胡椒·············各适量	欧芹·····················适量
制作大蒜吐司的材料	
法棍·····················8片	

要点
将洋葱炒至糖色

所需时间	难易度
*60*分钟	★ ★ ★

01 剥去洋葱皮，将洋葱竖切成两半，再将洋葱切成2~3mm宽的薄片。
※按照洋葱的纤维方向（上下）切，会比较耐煮。

02 用擦丝器将格鲁耶尔奶酪擦碎。

03 将大蒜剥皮去芯后切丁。

04 在煎锅中倒入色拉油并加热，把洋葱倒进锅里，用大火炒。洋葱炒蔫后将大蒜放入锅中。

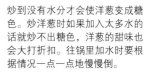

05 大蒜稍微带有茶色后加入少量的水（标示分量外），用锅铲上下翻炒，洋葱颜色逐渐变深，反复向锅中补水，重复同样的动作。

06 洋葱炒至糖色后，再向锅中加入少量的水。
※加水后将粘在锅底的洋葱铲上来。

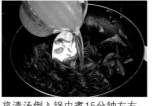

07 将清汤倒入锅中煮15分钟左右。15分钟后加入少许盐和胡椒，预先给汤调味。
※调成清淡的味道。

08 煮沸后撇出浮沫，煮到汤与洋葱的量（高度）相等即可。尝一下汤的味道，加入适量的盐和胡椒调味。

09 制作大蒜吐司。剥掉蒜皮，在靠近大蒜头的地方横切开大蒜，在切面上划上几刀让大蒜汁更容易流出来。

10 将面包切成8mm厚的面包片，把面包片放入烤面包机中烤2~3分钟。把大蒜汁涂在烤过的面包片上，再在上面抹上适量的色拉油，再次将面包片放入烤面包机中烤2~3分钟。

11 将08中的汤盛入耐热容器中，把10中的大蒜吐司放在汤上。

12 用02中的格鲁耶尔奶酪盖住大蒜吐司。

13 将容器放入250℃的烤箱中烤10分钟左右，烤好后将欧芹撒在汤上面。

错误 ✕
炒不出糖色

炒到没有水分才会使洋葱变成糖色。炒洋葱时如果加入太多水的话就炒不出糖色，洋葱的甜味也会大打折扣。往锅里加水时要根据情况一点一点地慢慢倒。

如果水太多就炒不出糖色。

Soupe de poisson

法式鱼汤

起源于普罗旺斯，马赛鱼汤的家庭版

材料（2人份）

小鲷鱼·······1条（180g）	土豆·······1/3个
黑鲷（海鲥、金线鱼、石鲈）··· 1条	大蒜（切丁）·······少许
鲽·······1条（180g）	鱼汤
洋葱·······150g	（从前面做好的鱼汤中取出）80ml
大葱·······1/2根	辣椒粉·······少许
番茄·······1个	EXV橄榄油·······4勺（小）
茴香（或芹菜）·······50g	盐、胡椒·······各适量
鱼高汤（参照P184）·······800ml	**制作大蒜吐司的材料**
白葡萄酒·······100ml	法棍·······8片
茴香籽·······1勺（小）	大蒜·······1瓣
橄榄油·······1勺（大）	
盐、胡椒·······各适量	**配菜的材料**
制作锈色沙司的材料	格鲁耶尔奶酪、莳萝·······适量
西班牙红椒·······15g	

要点

连鱼肉一起过滤。

所需时间	难易度
*60*分钟	★ ★ ★

01 将洋葱、大葱、茴香切成薄片。切掉番茄根部，剥去番茄皮，挖出番茄子后将番茄切成1cm大小的小块。

06 蔬菜炒蔫后将04中的鱼块和茴香籽倒入锅中，用大火翻炒。

11 制作锈色沙司。将切成适当大小的西班牙红椒和土豆煮熟，剥去土豆皮。然后连同10中80ml的鱼汤装入食物处理器中拌匀。

02 用去鳞器或刀刮去鲽、小鲷鱼、黑鲷的鱼鳞。

07 炒到7~8分钟左右鱼肉被炒碎时，将白葡萄酒倒入锅中，用锅铲将粘在锅底的"精华"铲上来。

12 再将辣椒粉、大蒜、EXV橄榄油放入处理器中，继续搅拌直至蔬菜完全搅碎。最后加入少许的盐和胡椒调味。

03 从肛门处向着鱼头方向将鲽、小鲷鱼、黑鲷的鱼肚子剖开，取出鱼的内脏。用刀或削皮器（参照P214）将鱼眼睛挖出来。

08 将鱼高汤和01中的番茄倒入锅中，用小火煮15分钟左右。
※沸腾后用勺子将浮沫撇出去。

13 制作大蒜吐司。首先，将法棍切成8mm厚的薄片。

04 将鲽、小鲷鱼、黑鲷用水清洗干净，控出水分后将鱼切成大块。

09 用蔬菜研磨器或粗眼的笊篱将汤和鱼肉一起研碎过滤。

14 先将面包片放入烤面包机中烤一下，将大蒜汁或大蒜橄榄油涂在烤面包片上，再把面包片放入烤面包机中烤2~3分钟即可。

05 向煎锅中倒入橄榄油并加热，将01中的洋葱、大葱和茴香倒入锅中翻炒。

10 过滤好后将汤倒进锅中并加入适量的盐和胡椒调味。
※凉了的鱼汤会有腥味，所以再给鱼汤加热一下。

15 将10中的鱼汤盛在容器中，再将擦碎的格鲁耶尔奶酪、12中的锈色沙司、14中的大蒜吐司和莳萝摆在鱼汤旁边。

果冻状牛肉清汤
搭配维希风味奶油土豆汤

果冻状清炖肉汤与奶油土豆汤的清凉组合

Crème vichyssoise glacée

材料（4人份）

洋葱	40g	盐、胡椒	各适量
大葱（或韭葱）	30g		

制作果冻状清炖肉汤的材料

土豆	100g	清炖肉汤（用固态汤料做）	100ml
清汤（参照P70）	250ml	吉利丁片	2g
淡奶油	40ml		

装饰材料

牛奶	100ml	金箔	适量
雪利酒	少许		
黄油	10g		

要点
将牛奶分多次倒入锅中

所需时间	难易度
70分钟	★★★

01 制作果冻状牛肉清汤。将吉利丁片泡入冰水中，泡软后攥出里面的水分。

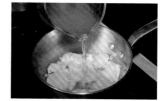

06 洋葱炒出甜香味后将04中的土豆倒进锅里，炒到土豆片周围都变成透明色后将清汤倒进锅中，用小火煮10分钟左右。

11 将剩下的一半牛奶一点点地慢慢倒入碗中，调节汤的浓度。

02 将清炖肉汤倒入锅中，煮沸后将火关掉，把01中的吉利丁片放入锅中。

07 用竹签扎一下土豆，如果能一下子扎透就将少许盐和胡椒倒入锅中并搅拌。

12 待汤充分冷却后将雪利酒倒入汤中，再加入适量的盐和胡椒调味。把08中剩下的淡奶油倒入碗里。

03 将汤倒入碗中，把碗放入冰水中冷却1小时左右。

08 将锅从火上拿下来，把淡奶油和一半的牛奶倒入锅中。
※留下一点淡奶油准备在最后使用。

13 把03中的清炖肉汤、12中的奶油土豆汤依次装入透明容器中，最后再放上金箔即可。

04 将洋葱和大葱切成1～2mm的薄片，把土豆切成3～4mm的半圆形薄片。

09 将08倒入搅拌机中搅拌。

错误 ✕
汤的颜色不正

如果做出来的奶油土豆汤颜色不正，很可能是洋葱炒过了。尽量在洋葱变色之前将清汤倒进锅中，这样汤的颜色就不会太深了。

05 将黄油倒入锅中并加热，把04中的大葱、洋葱和少许盐倒进锅里炒，注意不要将洋葱炒变色。

10 搅拌至图片中的状态后将其倒入碗中，将碗放入冰水中冷却。

不要将洋葱的颜色炒得太深。

Potage de chou-fleur et cresson

花椰菜水芹蔬菜浓汤

汤中的黑白鱼肉卷是这道菜的重点

材料（2人份）

洋葱	1/4个
花椰菜	200g
水芹	30g
清汤（参照P70）	300ml
牛奶	100ml
淡奶油	40ml
黄油	15g
粗盐（或精盐）	适量
盐、胡椒	各适量

制作鱼肉卷的材料

黑鲷（或金线鱼、笠子鱼、鲳鱼、石鲈）	1条（180g）
切成丁的水芹	1勺（小）
黑橄榄	5个（15g）
刺山柑（用醋腌制）	1勺（小）
盐、胡椒	各适量

装饰材料

水芹	适量

要点

将鱼肉打匀，使厚度均匀

所需时间	难易度
60分钟	★★★

01 将洗净的花椰菜掰成小块，控干水分。把洋葱切成薄片，水芹大概切一下就可以。

02 锅中倒入黄油并加热，将洋葱和适量盐放入锅中认真翻炒。
※加盐之后洋葱中的水分会出来得更快。

03 炒出甜味后将花椰菜倒入锅中轻轻翻炒。随后把清汤、粗盐和少许胡椒倒进锅里，用小火煮15分钟左右。

04 蔬菜煮软后取出4块花椰菜。

05 将01中的水芹倒入锅中搅拌均匀。
※水芹煮时间长了颜色会很难看，所以动作要尽量快些。

06 将冷却后的05、牛奶、淡奶油倒入搅拌器中搅碎。最后加入少许盐和胡椒调味。

07 在要装盘之前将06倒入锅中，加热至快沸腾即可。

08 制作鱼肉卷。将黑橄榄、刺山柑和水芹切丁并搅拌均匀。

09 刮掉鱼鳞，取出鱼内脏后将鱼切成3部分（两片鱼肉和鱼中骨）。按照图示将鱼肉放在保鲜膜上，撒上少许盐和少许胡椒。

10 将保鲜膜盖在鱼肉上，用润湿的打肉器将鱼肉打匀，使鱼肉的厚度均匀。

11 揭开上面的保鲜膜，将08铺在鱼肉上，周围留下1cm的空白。将鱼肉卷成细卷。

12 卷好后把里面的空气挤出来，将两端紧紧系牢。

13 将水倒入锅中并加热。当水温达到75℃时将12中的鱼肉卷放入锅中，煮5分钟左右。

14 捞出鱼肉卷后将保鲜膜上的水擦干，切成2等份。再将每根鱼肉卷斜切成2等份，最后取下保鲜膜。

15 将加热后的蔬菜浓汤盛到盘子里。把两个鱼肉卷和2个花椰菜放到盘子中央，最后点缀上水芹即可。

法式西餐用语集

Agrumes
柑橘类。柑橘沙司（P60）等。

Anis
茴香，伞形科一二年生草本植物的种子，也叫做茴香籽。调味料的一种，可以用来制作茴香酒。

A.O.C
Appellation d'Origine Controllee（产地管理控制命名）的缩写，是一种对法国本国特产的质量监管体制。只有符合生产地、生产方法等众多严格的生产条件的产品才能被称为A.O.C产品。

Appareil
用牛奶和鸡蛋等材料制成的流动状液体。在法式西餐中多指用于制作法式馅饼或蛋糕的面团。

Beurre clarifie
澄清黄油。加热后黄油上面的澄清部分。

Beurre noisette
浅褐色黄油。黄油加热至金黄色到略焦之间的黄油。

Blanc
白的，白色。也可指白葡萄酒。

Bouquet garni
花束香辛料。可以用于煮汤、煮沙司等，主要由荷兰芹、百里香、月桂叶、韭葱等数种香味蔬菜煮成，用绳捆绑在一起。

Bourguignon
勃艮第风味。法国中部勃艮第地区的特色菜肴。

Capre
刺山柑。生长在地中海沿岸的刺山柑的花蕾（酸豆）。可以用醋腌也可以用盐腌。

Chinois
金属制的圆锥形过滤容器。在过滤汤和沙司时使用。

Choucroute
盐酸菜（卷心菜）。法国东北部阿尔萨斯的法式泡菜炖熏肉肠（P97）。

Cointreau
君度。用橙皮酿制的水果类利口酒，晶莹澄澈。

Coriandre
香菜籽或香菜。在烹饪肉类或酸黄瓜时常使用。

Couscous
将小麦弄成1mm大小的圆球制成的粗麦粉团。原本是北非的食材，适合搭配肉、蔬菜或辣汤食用。用于烹饪之前需先蒸熟。

Cuire
用烤箱或明火加热的意思。

Cuisson
汤。

Degorger
将鱼、肉、内脏放入冷水或冰水中以去除腥味。

Econome
削皮刀。可以用削皮刀的刀尖去除果蔬等的核心，挖鱼眼睛时常使用。

Etuver
几乎不加水，盖上盖放在烤箱中烘、焖、炖。

Farce
馅料。将鱼、鸡、蔬菜掏空后填进去的馅料。

Fenouil
茴香。调味料的一种，常用来烹饪鱼贝类。

Flamber
为增加食材的风味，将酒倒入菜肴中烹煮。

Garnture
主菜中的配菜。也可指派中的馅料或汤中的漂浮物。

Glace de viander
将小牛用小火长时间加热后熬制成的浓汤。可以用于增加沙司的浓度。

Harissa
用辣椒做成的泥状辛辣调味料。

Jus
水果的汁。也可指焖煮、炖烤肉类或蔬菜时流出的水。

Melanger
搅拌。

Mignonnette
粗胡椒粉。也可指装香料的小布袋。

Mijoter
用文火烧、煨、炖。

Monder
番茄、杏仁、桃子等开水烫一下，放入冷水中，再去皮。

Monter
将黄油倒入沙司中，使菜肴的味道更加鲜美、顺滑。

Pain de campagne
字面的意思是指田园风味面包。掺有黑麦的法国传统面包的一种，一般当做主食食用。

Passer
用过滤器过滤。也指用绒布或筛网过滤。

Quatre-epices
四种香料：由白胡椒、肉豆蔻、丁香、肉桂制成的混合香料。

Rafraichir
将食材放入冷水或冰水中冷却。

Raidir
用小火煎肉的表面，使其变硬。

Ramollir
使食材变软。

Reduire
通过烧煮蒸发水分使沙司或汤变浓。

Refroidir
常温放置冷却，或放入冰箱中冷却。

Riz sauvage
菰米、黑米。黑色棒状，富有油质，质坚硬而脆。

Rouge
红色。也可指红酒。

Saisir
（用旺火）迅速煎、烤、炸，以防食材中的水分及营养成分流失。

Suer
用小火将蔬菜炒蔫，不要将蔬菜炒煳。

Tourner
削（蔬果）。将土豆、胡萝卜等削成城堡形。将蘑菇削成枫叶形（P138）用于装饰。

Vider
收拾鱼或鸡肉等的工序之一，即掏净鱼、鸡等的内脏。还有去除果蔬等的核心的意思。